Lecture Notes in Mathematics

An informal series of special lectures, seminars and reports on mathematical topics

Edited by A. Dold, Heidelberg and B. Eckmann, Zürich

22

Heinz Bauer

Mathematisches Institut der Universität Erlangen-Nürnberg

Harmonische Räume und ihre Potentialtheorie

Ausarbeitung einer im Sommersemester 1965
an der Universität Hamburg gehaltenen Vorlesung

1966

Springer-Verlag · Berlin · Heidelberg · New York

Library of Congress Catalog Card Number 66-27978. Title No. 7342

Inhaltsverzeichnis

Einleitung

Während der letzten zehn Jahre konnte man eine Neubelebung des Interesses für die Potentialtheorie beobachten. Zwei Ursachen lassen dies verständlich erscheinen: Einmal die innere Weiterentwicklung der Potentialtheorie, welche nach der Erfassung möglichst umfangreicher Klassen von Differentialgleichungen und Kernen drängt, zum anderen die Entwicklung der Theorie der Markoffschen Prozesse und der vor allem durch die bahnbrechende Arbeit von G.A.HUNT erwirkte Brückenschlag hinüber zur Potentialtheorie.

Die genannte innere Entwicklung der Potentialtheorie hat, aufbauend auf Ideen von TAUTZ [29], [30], DOOB [19] und BRELOT, zu einer Axiomatisierung der Theorie der harmonischen Funktionen geführt mit dem Ziel eines gleichzeitigen Erfassens bereits vorliegender Resultate über die Potentialtheorie Riemannscher Flächen und Greenscher Räume und einer Ausdehnung der Potentialtheorie der Laplace-Gleichung auf bislang unerforschte Klassen <u>elliptischer</u> Differentialgleichungen. Am bekanntesten und am weitesten vollendet ist in dieser Richtung die in [15] dargestellte Theorie von BRELOT. Wichtige Ergänzungen verdankt man der Thèse [21] von Madame HERVÉ. Während die Brelotsche Theorie ausschließlich elliptische Gleichungen betrifft, bemühten sich DOOB [20], KAMKE [24] und Verf. um die Einbeziehung auch <u>parabolischer</u> partieller Differentialgleichungen zweiter Ordnung.

Im Sommer 1965 hielt ich an der Hamburger Universität über die von mir in drei Arbeiten [3], [4], [5] aufgebaute, den parabolischen Fall miterfassende axiomatische Theorie harmonischer Funktionen mit dem Ziel, die Theorie einerseits von unnötigen einschränkenden Voraussetzungen (z.B. Harmonizität der konstanten Funktionen) zu befreien und andererseits unter Einbeziehung zum Teil unveröffentlichter eigener und fremder Beiträge (vor allem der rumänischen Kollegen N. BOBOC, C. CONSTANTINESCU und A. CORNEA) in ihrem gegenwärtigen Zustand darzustellen. Aus dieser Vorlesung ist die vorliegende Ausarbeitung unter Mitarbeit der Herren Dr. J. Köhn und Dipl.-Math. M. Sieveking entstanden. Es war nicht meine Absicht, in allen Teilen Vollständigkeit anzustreben. Wohl aber sollte es einem Leser nach beendeter Lektüre leicht fallen, sich an Hand der Zeitschriften-Literatur hier nicht behandelte Kapitel der Theorie, wie z. B. das Cauchysche Problem [6] und die Beziehungen zur Theorie der Markoffschen Prozesse [9], [25] anzueignen.

Im folgenden wird häufig bewußt auf historische Hinweise und auf die explizite Nennung der Beiträge früherer Autoren verzichtet. Ich würde mich überfordert fühlen, wenn man bei jedem entscheidenden Satz die sämtlichen, oft spezielle Differentialgleichungen betreffende Vorläufer zitieren wollte.

Den Herren Köhn und Sieveking gilt mein herzlicher Dank für die intensive Unterstützung bei der Ausarbeitung der Vorlesung. Den Herren Dr. S. Guber, W. Hansen, D. Hinrichsen und U. Krause danke ich für Kritik, Verbesserungsvorschläge und anregende Diskussionen. Meiner ehemaligen Hamburger Sekretärin, Frau E. Schmidt, danke ich für die Niederschrift des Manuskriptes.

Erlangen, im April 1966 Heinz Bauer

O. Vorbereitungen und Bezeichnungen.

A) Ist E ein topologischer Raum, so bezeichnen wir mit $\mathfrak{U} = \mathfrak{U}(E)$ bzw. $\mathfrak{U}_c = \mathfrak{U}_c(E)$ das System aller nicht-leeren, offenen bzw. aller nicht-leeren, offenen, relativ-kompakten Teilmengen von E. Für jeden Punkt $x \in E$ sei ferner

$$\mathfrak{U}(x) := \{U \in \mathfrak{U} : x \in U\},$$

$$\mathfrak{U}_c(x) := \{U \in \mathfrak{U}_c : x \in U\}.$$

Mit $\mathfrak{C}(E)$ bezeichnen wir den Vektorraum aller stetigen reellen Funktionen auf E. Ist E lokal-kompakt (und damit auch Hausdorffsch), so sei $\mathfrak{C}(E)$ stets mit der Topologie der gleichmäßigen Konvergenz auf kompakten Teilmengen versehen.

Wie üblich bezeichnen $\overline{A}, \mathring{A}, A^*$ den Abschluß bzw. das Innere bzw. den Rand einer Menge $A \subset E$ in E.

B) Unter einem Garbendatum numerischer Funktionen auf einem topologischen Raum X verstehen wir eine Abbildung, welche jeder Menge $U \in \mathfrak{U}(X)$ eine Menge $\mathfrak{G}_U$ numerischer Funktionen auf U zuordnet mit den beiden folgenden Eigenschaften:

(a) $U_1 \subset U_2 \Rightarrow \mathrm{Rest}_{U_1} \mathfrak{G}_{U_2} \subset \mathfrak{G}_{U_1}$;

(b) für jede Familie $(U_i)_{i \in I}$ von Mengen aus $\mathfrak{U}(X)$ und jede numerische Funktion g auf $U := \bigcup_{i \in I} U_i$ gilt:

$$\mathrm{Rest}_{U_i}\, g \in \mathfrak{G}_{U_i} \quad \text{für alle } i \in I \quad \Rightarrow \quad g \in \mathfrak{G}_U.$$

Funktionen mit Werten in $\overline{\mathbb{R}} = \mathbb{R} \cup \{+\infty, -\infty\}$ heißen dabei numerisch. $\mathrm{Rest}_A f$ bezeichnet die Restriktion einer Abbildung f auf eine Teilmenge

A ihres Definitionsbereiches. Für eine Menge $\mathfrak{F}$ von Abbildungen bezeichnet $\mathrm{Rest}_A \mathfrak{F}$ die Menge aller Abbildungen $\mathrm{Rest}_A f$ mit $f \in \mathfrak{F}$.

Triviale Beispiele solcher Garbendaten sind:

1. Sei X ein beliebiger topologischer Raum. Dann ist $U \to \mathfrak{C}(U)$ ein Garbendatum numerischer (sogar reeller) Funktionen auf X.

2. Sei $X = \mathbb{R}^n$ und sei $\mathfrak{G}_U$ die Menge der in $U \in \mathfrak{U}(X)$ m-mal stetig differenzierbaren, reellen Funktionen.

3. Sei $\mathfrak{G}$ ein Garbendatum numerischer Funktionen auf einem topologischen Raum X und sei $U_o \in \mathfrak{U}(X)$. Dann ist die Restriktion von $\mathfrak{G}$ auf $\mathfrak{U}(U_o)$ ein Garbendatum numerischer Funktionen auf U_o, welches wir mit $\mathrm{Rest}_{U_o} \mathfrak{G}$ bezeichnen.

4. Sei wieder $\mathfrak{G}$ ein Garbendatum numerischer Funktionen auf X. Sei ferner h_o eine strikt positive, reelle Funktion auf X; strikt positiv heißt dabei $h_o(x) > 0$ für alle $x \in X$. Setzt man dann für jedes U

$$^{h_o}\mathfrak{G}_U := \left\{ \frac{g}{\mathrm{Rest}_U h_o} : g \in \mathfrak{G}_U \right\},$$

so ist $U \to {}^{h_o}\mathfrak{G}_U$ erneut ein Garbendatum numerischer Funktionen auf X. Es wird mit ${}^{h_o}\mathfrak{G}$ bezeichnet.

C) Sei $\mathfrak{F}$ eine Menge numerischer Funktionen auf einer Menge T. $\mathfrak{F}$ heißt <u>punktetrennend</u> (auf T), wenn zu je zwei verschiedenen Punkten x, y aus T ein $f \in \mathfrak{F}$ mit $f(x) \neq f(y)$ existiert. $\mathfrak{F}$ heißt <u>verschränkt punktetrennend,</u> wenn zu je zwei Punkten $x \neq y$ aus T Funktionen $f, g \in \mathfrak{F}$ existieren mit

$$f(x)\, g(y) \neq f(y)\, g(x) .^{+)}$$

+) In $\overline{\mathbb{R}}$ sollen die in der Maßtheorie üblichen Operationen zulässig sein. Insbesondere sei $0 \cdot (\pm \infty) = 0$.

Jede verschränkt punktetrennende Menge $\mathfrak{F}$ ist somit auch punktetrennend; ferner existiert zu jedem $x \in T$ ein $f \in \mathfrak{F}$ mit $f(x) \neq 0$, sofern T nicht einpunktig ist. Enthält $\mathfrak{F}$ die konstante Funktion 1 und ist $\mathfrak{F}$ punktetrennend, so ist $\mathfrak{F}$ auch verschränkt punktetrennend.

Eine verschränkt punktetrennende Funktionenmenge $\mathfrak{F}$ enthalte eine strikt positive, reelle Funktion q. Dann existiert zu je zwei Punkten $x \neq y$ ein $f \in \mathfrak{F}$ mit

$$f(x)\, q(y) \neq f(y)\, q(x).$$

Sind nämlich f und g Funktionen aus $\mathfrak{F}$ mit $f(x)\, g(y) \neq f(y) g(x)$, so leistet entweder f oder g das Verlangte.

D) Die im folgenden verwendete Integrationstheorie auf lokalkompakten Räumen ist die von BOURBAKI [11]. Ein Maß μ auf einem lokal-kompakten Raum X ist dabei stets ein Radonsches Maß. Sein Träger wird mit $T\mu$ bezeichnet. Wird μ von einem lokalkompakten Unterraum Y von X getragen, so betrachten wir wie üblich μ auch als Maß auf Y. Umgekehrt wird jedes Maß auf Y auch als ein Maß auf X angesehen, welches von Y getragen wird. Die Menge aller positiven Maße auf X wird mit $\mathcal{M}_+(X)$ bezeichnet.

Sei speziell T ein kompakter Raum und μ ein positives Maß auf T. Für jede nach unten halbstetige Funktion $\psi : T \to]-\infty, +\infty]$ ist dann das μ-Oberintegral definiert durch

$$\int^* \psi \, d\mu := \sup_{\substack{\varphi \in \mathcal{C}(T) \\ \varphi \leq \psi}} \int \varphi \, d\mu .$$

Da entweder $\int^* \psi \, d\mu = +\infty$ oder ψ μ-integrierbar ist, lassen wir beim Oberintegral solcher Funktionen meist den Stern weg, setzen also $\int \psi \, d\mu = \int^* \psi \, d\mu$. Für eine beliebige numerische Funktion $f: T \to \overline{\mathbb{R}}$ ist

$$\int^* f d\mu := \inf_{\psi \in \Psi_f} \int \psi \, d\mu ,$$

wenn dabei Ψ_f die Menge aller nach unten halbstetigen Funktionen $\psi : T \to]-\infty, +\infty]$ mit $\psi \geq f$ ist. Das Unterintegral ist durch

$$\int_* f d\mu = - \int^* (-f) d\mu$$

definiert. Gleichheit und Endlichkeit der Integrale $\int_* f d\mu$ und $\int^* f d\mu$ kennzeichnet die μ-Integrierbarkeit von f. Das Oberintegral ist subadditiv.

Lemma. Sei T ein kompakter Raum, μ ein positives Maß auf T und f eine numerische Funktion auf T mit endlichem Oberintegral. Für jedes $g \in \mathcal{C}(T)$ besitzen dann auch die Funktionen inf (f, g) und sup(f, g) ein endliches Oberintegral.

Beweis. Wir setzen $f_i := \inf(f, g)$ und $f_s := \sup(f, g)$. Dann ist f_i nach oben und f_s nach unten beschränkt, also $\int^* f_i d\mu < +\infty$ und $\int^*_* f d\mu > -\infty$. Zu f existiert gemäß Voraussetzung eine nach unten halbstetige Funktion $\psi : T \to]-\infty, +\infty]$ mit $\psi \geq f$ und $\int^* \psi d\mu = \int \psi \, d\mu < +\infty$. Nun ist aber mit ψ und g auch sup(ψ, g) integrierbar. Aus $f_s \leq \sup(\psi, g)$ folgt daher $\int^* f_s d\mu < +\infty$ und somit $|\int^* f_s d\mu| < +\infty$. Folglich ist $\int^* f_i d\mu + \int^* f_s d\mu$ definiert und somit $\geq \int^* (f_i + f_s) d\mu$. Berücksichtigt man noch, daß $f + g = f_i + f_s$ und

$$\int^* (f + g) d\mu = \int^* f d\mu + \int g d\mu$$

ist, so erhält man $\int^* f_i d\mu > -\infty$ und damit den Rest der Behauptung. | +)

+) Der senkrechte Strich deutet fortan das Ende eines Beweises an.

E) Sei Y ein nicht-leerer, kompakter Raum und $\mathcal{E}$ eine Menge nach unten halbstetiger Funktionen $u: Y \to]-\infty, +\infty]$. Für jeden Punkt $y \in Y$ betrachten wir die Menge $\mathcal{M}_y$ aller Maße $\mu \geq 0$ auf Y mit Gesamtmasse 1 (also aller Wahrscheinlichkeitsmaße auf Y) mit

$$\int u \, d\mu \leq u(y) \qquad \text{für alle } u \in \mathcal{E}.$$

Die Einheitsmasse ε_y in y liegt stets in der Menge $\mathcal{M}_y$.

Es gilt das folgende

Minimumprinzip. Ist $\mathcal{E}$ punktetrennend, so besitzt jede Funktion $u_o \in \mathcal{E}$ eine Minimalstelle y_o mit $\mathcal{M}_{y_o} = \{\varepsilon_{y_o}\}$.

Beweis. Eine kompakte, nicht-leere Menge $S \subset Y$ heiße $\mathcal{E}$-extremal, wenn für jeden Punkt $y \in S$ und jedes Maß $\mu \in \mathcal{M}_y$ gilt $T\mu \subset S$, wenn also μ von S getragen wird. Die einpunktigen $\mathcal{E}$-extremalen Mengen $\{y\}$ sind genau diejenigen, für welche $\mathcal{M}_y = \{\varepsilon_y\}$ ist. Das System γ aller $\mathcal{E}$-extremalen Mengen ist durch "$\supset$" induktiv geordnet. Für jede total geordnete Teilmenge $\mathfrak{K}$ von γ liegt nämlich $\bigcap_{S \in \mathfrak{K}} S$ in γ. Nach dem Zornschen Lemma ist somit in jedem Element aus γ eine minimale, $\mathcal{E}$-extremale Menge enthalten.

Der Zusammenhang mit der Behauptung wird hergestellt, indem wir folgende Hilfsbehauptung beweisen. Sei $S \in \gamma$ und $u \in \mathcal{E}$. Dann liegt die Menge

$$S_u := \{y \in S: \quad u(y) = \inf u(S)\}$$

in γ. Zunächst ist offenbar S_u kompakt und $\neq \emptyset$. Setzen wir $\alpha = \inf u(S)$, so gilt für jedes $y \in S_u$ und jedes $\mu \in \mathcal{M}_y$ zunächst $T\mu \subset S$ und daher

$$\alpha = \int \alpha \, d\mu \leq \int u \, d\mu \leq u(y) = \alpha;$$

also ist $\int(u-\alpha)d\mu = \int_S (u-\alpha)\, d\mu = 0$. Hieraus aber folgt $T\mu \subset \{y \in S: u(y) = \alpha\} = S_u$. Folglich ist die Menge S_u $\mathfrak{E}$-extremal.

Nach dieser Hilfsbehauptung ist die Menge $Y_{u_0} = \{y \in Y: u_0(y) = \inf u_0(Y)\}$ $\mathfrak{E}$-extremal, da Y in $\mathfrak{Y}$ liegt. Es gibt dann ein minimales Element $S \in \mathfrak{Y}$ mit $S \subset Y_{u_0}$. Die Behauptung ist bewiesen, wenn S einpunktig ist. Andernfalls gäbe es ein $u \in \mathfrak{E}$ derart, daß $\mathrm{Rest}_S u$ nicht konstant ist. Nach der Hilfsbehauptung wäre dann S_u eine echte Teilmenge von S, welche in $\mathfrak{Y}$ liegt. Dies widerspricht der Minimalität von S. Also ist $S = \{y_0\}$ und $\mathcal{M}_{y_0} = \{\varepsilon_{y_0}\}$. |

F) Abschließend erinnern wir daran, daß zu jeder numerischen Funktion f auf einem topologischen Raum Ω eine größte nach unten halbstetige Funktion $\hat{f}: \Omega \to \overline{\mathbb{R}}$ existiert mit $\hat{f} \leq f$. Diese heißt die <u>Regularisierte</u> von f. Sie ist gegeben durch

$$\hat{f}(w_0) = \liminf_{w \to w_0} f(w).$$

G) Sei $\mathfrak{F}$ eine Menge numerischer Funktionen mit gemeinsamem Definitionsbereich. Dann bezeichnet ${}_+\mathfrak{F}$ oder auch $\mathfrak{F}_+$ die Menge aller $f \in \mathfrak{F}$ mit $f \geq 0$.

I. HARMONISCHE RÄUME

§ 1. Die Axiome der Theorie.

(Harmonische und hyperharmonische Funktionen.)

Gegeben seien ein lokal-kompakter Raum X mit abzählbarer Basis und ein Garbendatum $\mathcal{H}$ numerischer Funktionen auf X. Für jede Menge $U \in \mathfrak{U} = \mathfrak{U}(X)$ heißen die Elemente von $\mathcal{H}_U$ harmonische Funktionen auf U. Eine auf einer Menge $A \subset X$ definierte, numerische Funktion g heiße in einer Menge $U \in \mathfrak{U}$ mit $U \subset A$ harmonisch, wenn $\mathrm{Rest}_U g$ in $\mathcal{H}_U$ liegt.

Wir werden X einen harmonischen Raum nennen, wenn das Garbendatum $\mathcal{H}$ den nachfolgenden vier Axiomen genügt. Diese Axiome sind insbesondere bei den folgenden zwei Standardbeispielen erfüllt, welche laufend zur Motivierung und Erläuterung der Theorie herangezogen werden. Aus Gründen der Übersichtlichkeit wird jedoch der Nachweis der Axiome für die Standard-Beispiele auf den nächsten Paragraphen verschoben.

Standard-Beispiele. (1) $X := \mathbb{R}^n$ $(n \geq 1)$; für jedes $U \in \mathfrak{U}$ ist $\mathcal{H}_U$ die Menge der in U definierten, zweimal stetig differenzierbaren Lösungen der Laplaceschen Differentialgleichung

$$\Delta u = 0 .$$

Dabei ist $\Delta = \sum_{i=1}^{n} \frac{\partial^2}{\partial x_i^2}$ der Laplacesche Operator. Hier besteht also $\mathcal{H}_U$ aus den im üblichen Sinne auf U harmonischen Funktionen.

(2) $X := \mathbb{R}^{n+1}$ $(n \geq 1)$; für jedes $U \in \mathfrak{U}$ ist $\mathcal{H}_U$ die Menge aller in U definierten, zweimal stetig nach $x_1, \ldots, x_n$, einmal stetig nach x_{n+1} differenzierbaren Lösungen der Wärmeleitungsgleichung

$$\Delta u = \frac{\partial u}{\partial x_{n+1}} .$$

Die Elemente von $\mathcal{H}_U$ werden für diesen Spezialfall oft auch in U kalorische (oder parabolische) Funktionen genannt.

Der Formulierung der Axiome schicken wir die Definition zweier Begriffe voraus.

Definition. Eine Menge $V \subset X$ heiße regulär (bezüglich $\mathcal{H}$), wenn sie folgende Eigenschaften besitzt:

(a) $V \in \mathfrak{U}_c$ und $V^* \neq \emptyset$.

(b) Jedes $f \in \mathcal{C}(V^*)$ kann auf genau eine Weise zu einer Funktion aus $\mathcal{C}(\bar{V})$ fortgesetzt werden, deren Restriktion H_f^V auf V harmonisch ist.

(c) $f \geq 0$ (auf V^*) $\Rightarrow$ $H_f^V \geq 0$ (auf V).

Ist V eine reguläre Menge und gilt $\bar{V} \subset U$ für ein $U \in \mathfrak{U}$, so heiße V regulär in U.

Die Eigenschaft (b) besagt offenbar, daß für jede Funktion $f \in \mathcal{C}(V^*)$ genau eine Lösung des Dirichletschen Problems, d.h. der zu $\mathcal{H}$ gehörigen ersten Randwertaufgabe existiert.

Definition. Eine numerische Funktion u auf einer Menge $U \in \mathfrak{U}$ heiße hyperharmonisch auf U, wenn sie folgende Eigenschaften besitzt:

(a) $-\infty < u(x) \leq +\infty$ für alle $x \in U$.

(b) u ist nach unten halbstetig.

(c) Für jede in U reguläre Menge V und jede Funktion $f \in \mathcal{C}(V^*)$ gilt:

$$f \leq u \text{ in } V^* \Rightarrow H_f^V \leq u \text{ in } V.$$

Die Menge aller auf $U \in \mathfrak{U}$ hyperharmonischen Funktionen (bzw. aller auf U hyperharmonischen Funktionen ≥ 0) werde mit $\mathcal{H}^*_U$ (bzw. ${}_+\mathcal{H}^*_U$) bezeichnet. Die Funktionen aus $-\mathcal{H}^*_U$ heißen auf U hypo-harmonisch. Für Mengen $U_1, U_2 \in \mathfrak{U}$ gilt offenbar:

$$U_1 \subset U_2 \Rightarrow \mathrm{Rest}_{U_1} \mathcal{H}^*_{U_2} \subset \mathcal{H}^*_{U_1} .$$

Die konstante Funktion $+\infty$ ist stets auf X hyperharmonisch.

Die angekündigte Definition eines harmonischen Raumes lautet nunmehr:

Definition. Der Raum X heiße ein harmonischer Raum (bezüglich $\mathcal{H}$), wenn das Garbendatum $\mathcal{H}$ den folgenden vier Axiomen genügt:

I. Für jede Menge $U \in \mathfrak{U}$ ist $\mathcal{H}_U$ ein linearer Unterraum von $\mathcal{C}(U)$.

II. (Basisaxiom) Die regulären Mengen bilden eine Basis der Topologie von X.

III. (Konvergenzaxiom) Für jede isotone Folge (h_n) von harmonischen Funktionen auf einer Menge $U \in \mathfrak{U}$ gilt:

$$\sup_{n \in \mathbb{N}} h_n(x) < +\infty \text{ auf dichter Teilmenge von } U \Rightarrow \sup h_n \in \mathcal{H}_U .$$

IV. (Trennungsaxiom) $\mathcal{H}^*_X$ ist verschränkt punktetrennend. Ferner existiert auf jeder Menge $U \in \mathfrak{U}_c$ eine strikt positive, harmonische Funktion.

Man beachte, daß die Axiome I - III lokaler Natur sind, daß dagegen IV eine globale Forderung enthält. Im Kapitel I wird von der Existenz einer abzählbaren Basis für X noch kein wesentlicher Gebrauch gemacht.

Wir beweisen sogleich erste Folgerungen aus diesen Axiomen sowie äquivalente Fassungen der Axiome.

Gilt das Axiom I, so ist für jede reguläre Menge $V \subset X$ und jeden Punkt $x \in V$ die Abbildung $f \to H_f^V(x)$ eine positive Linearform auf $\mathcal{C}(V^*)$, also ein positives Radon-Maß μ_x^V auf V^*. Es gilt somit

$$H_f^V(x) = \int f \, d\mu_x^V \qquad \text{für alle } f \in \mathcal{C}(V^*) \text{ und alle } x \in V.$$

Dieses Maß μ_x^V heiße fortan das zur regulären Menge V und zu $x \in V$ gehörige harmonische Maß.

Satz 1.1.1. Sei $U \in \mathfrak{U}$ und $u: U \to]-\infty, +\infty]$ eine nach unten halbstetige Funktion. Genau dann ist u auf U hyperharmonisch, wenn für jede in U reguläre Menge V und jeden Punkt $x \in V$ gilt

$$\int u \, d\mu_x^V \leq u(x).$$

Beweis. Definitionsgemäß gilt für jede in U reguläre Menge V und jedes $x \in V$

$$\int u \, d\mu_x^V = \sup_{f \in Q_u} \int f \, d\mu_x^V = \sup_{f \in Q_u} H_f^V(x) ,$$

wenn dabei $Q_u = \{f \in \mathcal{C}(V^*) : f \leq u \text{ auf } V^*\}$ gesetzt wird. Somit sind die Forderungen $H_f^V \leq u$ auf V für alle $f \in Q_u$ und $\int u \, d\mu_x^V \leq u(x)$ für alle $x \in V$ gleichwertig. |

Korollar 1.1.2. Für die auf einer Menge $U \in \mathfrak{U}$ hyperharmonischen Funktionen gilt

1. $\mathcal{H}_U^* + \mathcal{H}_U^* \subset \mathcal{H}_U^*$, $\lambda \mathcal{H}_U^* \subset \mathcal{H}_U^*$ (für $0 \leq \lambda < +\infty$).
2. $u, v \in \mathcal{H}_U^* \Rightarrow \inf(u, v) \in \mathcal{H}_U^*$.
3. Für jede nicht-leere, aufsteigend filtrierende Menge $\mathfrak{F} \subset \mathcal{H}_U^*$ liegt $\sup \mathfrak{F}$ in $\mathcal{H}_U^*$.

Der Beweis ergibt sich mühelos aus bekannten Eigenschaften

des Integrals $\int u d\mu_x^V$ wegen der Halbstetigkeit nach unten von u sowie wegen $u > -\infty$.

Zieht man nun auch noch das Axiom II heran, so ergibt sich

Satz 1.1.3. Sei $U \in \mathfrak{U}$ und $h \in \mathfrak{L}(U)$. Die Funktion h ist genau dann auf U harmonisch, wenn für jede in U reguläre Menge V und jedes $x \in V$ gilt

$$\int h \, d\mu_x^V = h(x).$$

Beweis. Ist h auf U harmonisch, so besteht offenbar in jeder in U regulären Menge V die Gleichheit $h(x) = H_{h^*}^V(x)$, wenn dabei $h^* = \mathrm{Rest}_{V^*} h$ gesetzt wird. Die genannte Bedingung ist somit notwendig. Aus ihrem Bestehen folgt umgekehrt $\mathrm{Rest}_V h \in \mathfrak{H}_V$ für jedes in U reguläre V. Wegen II wird U von den in U regulären Mengen V überdeckt. Also folgt $h \in \mathfrak{H}_U$, da $\mathfrak{H}$ ein Garbendatum ist. |

Korollar 1.1.4. Für jede Menge $U \in \mathfrak{U}$ gilt $\mathfrak{H}_U = \mathfrak{H}_U^* \wedge (-\mathfrak{H}_U^*)$.

Korollar 1.1.5. $\mathfrak{H}_U$ ist vollständig bezüglich der Topologie der kompakten Konvergenz.

Beweis. Aus 1.1.3. folgt die Abgeschlossenheit von $\mathfrak{H}_U$ in $\mathfrak{C}(U)$. |

Allein aus dem Konvergenzaxiom folgt:

Satz 1.1.6. Für jede nicht-leere, aufsteigend filtrierende Menge $\mathfrak{F}$ harmonischer Funktionen in einer Menge $U \in \mathfrak{U}$ gilt: Die obere Einhüllende $\sup \mathfrak{F}$ von $\mathfrak{F}$ ist harmonisch auf U, wenn sie auf einer dichten Teilmenge von U endlich ist.

Beweis. Nach einem Lemma von G. CHOQUET +) existiert eine

+) Vgl. BRELOT [17] , p. 6.

abzählbare Teilmenge $\mathfrak{F}_o \subset \mathfrak{F}$ derart, daß für nach oben halbstetige Funktion g auf U mit $g \geq \sup \mathfrak{F}_o$ gilt $g \geq \sup \mathfrak{F}$. Da $\mathfrak{F}$ aufsteigend filtrierend ist, kann $\mathfrak{F}_o$ sogar als isotone Folge gewählt werden. Mit $\sup \mathfrak{F}$ ist auch $\sup \mathfrak{F}_o$ auf einer dichten Teilmenge von U endlich. Nach Axiom III liegt $g := \sup \mathfrak{F}_o$ in $\mathcal{H}_U$; g ist daher insbesondere nach oben halbstetig. Gemäß der Wahl von $\mathfrak{F}_o$ folgt dann $\sup \mathfrak{F}_o \geq \sup \mathfrak{F}$. Wegen $\mathfrak{F}_o \subset \mathfrak{F}$ ist dann sogar $\sup \mathfrak{F} = \sup \mathfrak{F}_o \in \mathcal{H}_U$. |

Aus den Axiomen I und III folgt:

Korollar 1.1.7. Für jede auf dem Rand V^* einer regulären Menge V definierte, beschränkte, nach unten halbstetige Funktion f ist die Funktion

$$x \longrightarrow \int f d\mu_x^V$$

auf V harmonisch und beschränkt.

Beweis. Sei etwa $|f| \leq \alpha < +\infty$. Dann gilt

$$\left| \int f d\mu_x^V \right| \leq \int |f| \, d\mu_x^V \leq \alpha H_1^V(x) \qquad (x \in V).$$

Da H_1^V die Restriktion einer Funktion aus $\mathcal{C}(\overline{V})$ auf V ist, folgt hieraus die Beschränktheit der Funktion $x \to \int f d\mu_x^V$. Zu f gibt es eine isotone Folge (φ_n) in $\mathcal{C}(V^*)$ mit $f = \sup \varphi_n$. Dann aber folgt

$$\sup H_{\varphi_n}^V(x) = \sup \int \varphi_n \, d\mu_x^V = \int f d\mu_x^V$$

für alle $x \in V$. Nach III ist daher $x \to \int f d\mu_x^V$ harmonisch in V. |

Nunmehr ergeben sich zu III äquivalente Forderungen:

Satz 1.1.8. Sei $\mathfrak{B}$ eine Basis von X, welche aus lauter regulären Mengen besteht. Bei Gültigkeit der Axiome I und II ist dann das Konvergenzaxiom III äquivalent mit jeder der folgenden Forderungen:

III'. Für jede Menge $V \in \mathfrak{B}$ und jede numerische Funktion f auf V^*, welche für eine in V dichte Menge von Punkten $x \in V$ ein endliches μ_x^V - Oberintegral besitzt, ist die Funktion

$$x \longrightarrow \int^* f \, d\mu_x^V$$

harmonisch in V.

III". Für jede Menge $V \in \mathfrak{B}$ und jede numerische Funktion f auf V^*, welche für eine in V dichte Menge von Punkten $x \in V$ μ_x^V - integrierbar ist, gilt: f ist μ_x^V - integrierbar für alle $x \in V$, ferner ist die Funktion

$$x \longrightarrow \int f \, d\mu_x^V$$

harmonisch in V.

Beweis. III $\Rightarrow$ III': Zunächst werde $f: V^* \longrightarrow \bar{\mathbb{R}}$ zusätzlich als nach oben beschränkt vorausgesetzt. Wir betrachten die Menge $\mathfrak{F}^*$ aller beschränkten, nach unten halbstetigen Funktionen φ auf V^* mit $\varphi \geq f$ und die zugehörige Menge $\tilde{\mathfrak{F}}$ aller nach 1.1.7 in V harmonischen Funktionen $x \longrightarrow \int \varphi \, d\mu_x^V$ mit $\varphi \in \mathfrak{F}^*$. Mit $\mathfrak{F}^*$ ist auch $\tilde{\mathfrak{F}}$ nicht-leer und absteigend filtrierend; es gilt

$$\int^* f \, d\mu_x^V = \inf_{\varphi \in \mathfrak{F}^*} \int \varphi \, d\mu_x^V .$$

Aus III folgt daher die Harmonizität der Funktion $x \longrightarrow \int^* f \, d\mu_x^V$ auf V.

Im allgemeinen Fall werde $f_n = \inf(n, f)$ für n=1, 2, ... gesetzt. Dann ist jedes f_n nach oben beschränkt; nach S. 6 ist außerdem $\int^* f_n \, d\mu_x^V$ endlich, wenn nur $\int^* f \, d\mu_x^V$ endlich ist. Wegen

$$\int^* f \, d\mu_x^V = \sup \int^* f_n \, d\mu_x^V \qquad (x \in V)$$

folgt daher die Behauptung erneut nach III. Man hat nur zu beachten, daß nach dem ersten Teil des Beweises $x \longrightarrow \int^* f_n \, d\mu_x^V$ für jedes n in V harmonisch ist.

III' $\Rightarrow$ III'': Aus III', angewandt auf f und -f, folgt, daß $x \longrightarrow \int^* f \, d\mu_x^V$ und $x \longrightarrow \int_* f \, d\mu_x^V$ harmonische Funktionen auf V sind. Nach Voraussetzung stimmen diese auf einer in V dichten Menge, also wegen der Stetigkeit überall auf V überein. Hieraus folgt die Behauptung.

III'' $\Rightarrow$ III: Sei $U \in \mathfrak{U}$ und sei (h_n) eine isotone Folge in $\mathcal{H}_U$ mit einer oberen Einhüllenden $s = \sup h_n$, welche auf einer dichten Teilmenge von U endlich ist. Für jede in U reguläre Menge V gilt nach 1.1.3

$$h_n(x) = \int h_n \, d\mu_x^V ,$$

woraus nach B. Levi

$$s(x) = \int s \, d\mu_x^V$$

folgt für alle $x \in V$. Die Funktion s ist nach unten halbstetig und auf einer in V dichten Teilmenge D endlich. Hieraus folgt die μ_x^V - Integrierbarkeit von s für alle $x \in D$. Nach III'' ist somit s μ_x^V - integrierbar für alle $x \in V$ und in V harmonisch, falls V in $\mathfrak{L}$ liegt. Da die in U regulären Mengen $V \in \mathfrak{L}$ die Menge U überdecken, ist dann s in U harmonisch.|

Korollar 1.1.9. Sei V eine reguläre Menge und sei f eine nach unten beschränkte, numerische Funktion auf V^*. Dann ist die Funktion $x \longrightarrow \int^* f \, d\mu_x^V$ die obere Einhüllende einer isotonen Folge auf V beschränkter, harmonischer Funktionen, also insbesondere hyperharmonisch.

Beweis. Setzt man $f_n = \inf(n, f)$, $n=1,2,\ldots$, so ist (f_n) eine isotone Folge beschränkter numerischer Funktionen und somit

$$\int^* f\, d\mu_x^V = \sup \int^* f_n\, d\mu_x^V \qquad (x \in V).$$

Also folgt die Behauptung aus 1.1.8, wonach für beschränktes f die Funktion $x \longrightarrow \int^* f\, d\mu_x^V$ auf V harmonisch ist. Diese Funktion ist auch beschränkt, da aus $|f| \leq \alpha < +\infty$ folgt

$| \int^* f\, d\mu_x^V | \leq \alpha H_1^V(x)$ für alle $x \in V$. |

Das Axiom IV, genauer nur dessen zweiter Teil, wird erstmals im Beweis des nächsten Satzes herangezogen, welcher die topologische Struktur von X betrifft.

Satz 1.1.10. Jeder harmonische Raum X ist lokal zusammenhängend.

Beweis. Sei $x_o \in X$ und $U \in \mathfrak{U}_c(x_o)$. Zu finden ist eine zusammenhängende Umgebung U_o von x_o mit $U_o \subset U$. Das System $\mathfrak{W}$ aller in U zugleich offenen und abgeschlossenen Umgebungen von x_o ist nicht-leer und stabil bezüglich endlicher Durchschnittsbildungen. Daher ist die folgende Menge $\{h_V : V \in \mathfrak{W}\}$ harmonischer Funktionen in U absteigend filtrierend: Nach IV existiert ein $h \in \mathcal{H}_U$ mit $h(x) > 0$ für alle $x \in U$. Man setze

$$h_V(x) = \begin{cases} h(x), & x \in V \\ 0, & x \in U \setminus V \end{cases} \qquad (V \in \mathfrak{W}).$$

Nach dem Konvergenzaxiom ist $h_o = \inf_{V \in \mathfrak{W}} h_V$ harmonisch in U. Offenbar ist $U_o := \{x \in U : h_o(x) > 0\}$ eine offene Umgebung von x_o, welche das Verlangte leistet. |

Aus diesem Satz folgt insbesondere, daß es keine wesentliche Einschränkung der Allgemeinheit bedeutet, einen harmonischen Raum als zusammenhängend vorauszusetzen. Nach 1.1.10 sind nämlich die Zusammenhangskomponenten von X offen, also nach der folgenden Überlegung harmonische Räume. Ferner ist X die topologische Summe seiner Zusammenhangskomponenten.

Allgemein ist aber jede nicht-leere, offene Teilmenge U eines harmonischen Raumes bezüglich $\mathcal{H}$ ein harmonischer Raum bezüglich $\mathcal{H}^U = \mathrm{Rest}_U \mathcal{H}$. Man hat nur zu beachten, daß die in U regulären Mengen gerade die regulären Teilmengen von U bezüglich $\mathcal{H}^U$ sind. Ferner ist somit $\mathcal{H}^*_U$ die Menge der hyperharmonischen Funktionen des neuen harmonischen Raumes U.

§ 2. Standard - Beispiele

Nunmehr soll dargelegt werden, daß in den in § 1 genannten Standard-Beispielen harmonische Räume vorliegen. Evident dabei ist, daß in beiden Beispielen ein Garbendatum numerischer Funktionen vorliegt, welches dem Axiom I genügt. Dies liegt an der Linearität der beiden Differentialgleichungen.

Standard-Beispiel (1). Der Fall n = 1 ist mühelos zu erledigen: Für jede zusammenhängende offene Menge $U \subset X = \mathbb{R}$ besteht $\mathcal{H}_U$ aus den in U affin-linearen Funktionen. Das Basisaxiom folgt aus der Bemerkung, daß die offenen Intervalle $]\alpha, \beta[$ mit $-\infty < \alpha < \beta < +\infty$

regulär sind. Das Konvergenzaxiom ist für zusammenhängende $U \in \mathfrak{U}$ evident. Das Trennungsaxiom ist erfüllt, da die konstante Funktion $h_o = 1$ in $\mathcal{H}_X$ liegt und $\mathcal{H}_X$ punktetrennend ist.

Für $n \geq 2$ hat man zum Nachweis der Axiome II und III Sätze der Klassischen Potentialtheorie heranzuziehen. Die Poissonsche Integralformel lehrt, daß jede offene Vollkugel $V = K_r(x_o)$ vom Radius $r > 0$ und mit Mittelpunkt x_o regulär ist. Für jede stetige reelle Funktion f auf der $K_r(x_o)$ berandenden Sphäre $S_r(x_o)$ gilt nämlich

$$H_f^V(x) = \int P(x,z) f(z)\, \sigma(dz) \qquad (x \in K_r(x_o))$$

mit dem zu 1 normierten Haarschen Maß σ auf $S_r(x_o)$ und dem Poissonschen Kern

$$P(x,z) = P_x(z) := r^{n-2} \cdot \frac{r^2 - \| x - x_o \|^2}{\| x - z \|^n} .$$

Dabei ist $\| .. \|$ die euklidische Norm. Es gilt m.a.W. für das zu $V = K_r(x_o)$ und $x \in V$ gehörige harmonische Maß

$$\mu_x^V = P_x \sigma .$$

Da die offenen Kugeln eine Basis der Topologie bilden, folgt somit das Basisaxiom. Speziell ergibt sich noch die offenbar auch für $n = 1$ gültige Formel

$$\mu_{x_o}^V = \sigma \quad ,$$

wenn dabei wieder $V = K_r(x_o)$ ist.

Das Konvergenzaxiom ergibt sich entweder aus dem Harnackschen Konvergenzsatz, indem man diesen auf die Zusammenhangskomponenten von U anwendet. Elementarer erhält man es jedoch in der Form III" direkt aus der obigen Gestalt der harmonischen Maße für Kugeln $V = K_r(x_o)$. In der Tat: für jedes $x \in V$ gilt

$P_x \in \mathcal{C}(S_r(x_o))$ und $P_x(z) > 0$ für alle $z \in S_r(x_o)$. Aus der μ_x^V - Integrierbarkeit einer Randfunktion $f: S_r(x_o) \to \overline{\mathbb{R}}$ für ein $x \in V$ folgt daher bereits die μ_y^V - Integrierbarkeit für alle $y \in V$. Schließlich liefert Differenzieren unter dem Integralzeichen die Harmonizität der Funktion $x \to \int f \, d\mu_x^V = \int f(z) P(x,z) \, \sigma(dz)$. Man hat nun zu beachten, daß $x \to P(x,z)$ für jedes $z \in S_r(x_o)$ harmonisch in V ist.+)

Da die konstante Funktion 1 harmonisch ist und bereits die in $\mathcal{H}_X$ liegenden affin-linearen Funktionen punktetrennend sind, folgt schließlich auch noch das Trennungsaxiom.

Standard-Beispiel (2). Auch hier ist das Trennungsaxiom sehr einfach nachzuweisen, da die konstante Funktion1 harmonisch ist und da ferner je zwei verschiedene Punkte des Raumes $X = \mathbb{R}^{n+1}$ durch eine der folgenden 2n Funktionen getrennt werden, welche in $\mathcal{H}_X$ liegen und überdies strikt positiv sind:

$$x = (x_1, \dots, x_{n+1}) \longrightarrow e^{\varepsilon_i x_i} e^{x_{n+1}} \qquad (\varepsilon_i = \pm 1; i = 1, \dots, n).$$

Schwieriger (im Sinne eines größeren Rechenaufwandes) ist dagegen der Nachweis der Axiome II und III, obwohl der Beweis formal gesehen ähnlich wie beim Standard-Beispiel (1) verläuft. Man ersetzt dabei zweckmäßigerweise die Kugeln $K_r(x_o)$ durch die Mengen

$$\Delta_r^a := \{x \in \mathbb{R}^{n+1} : |x-a| < a_{n+1} - x_{n+1}, a_{n+1} - r < x_{n+1} < a_{n+1}\}.$$

Dabei ist $a \in \mathbb{R}^{n+1}$, r eine reelle Zahl > 0 und $|x-a| = (\sum_{i=1}^{n} (x_i - a_i)^2)^{1/2}$. Δ_r^a ist ein offener Kreiskegel mit der Spitze a,

+) Auf die hier abgeleitete verschärfte Form von III'' kommen wir im allgemeineren Rahmen in Satz 1.5.7 zurück.

dem Öffnungswinkel $\pi/2$ und der Höhe r; die Symmetrieachse liegt parallel zur "Zeitachse" $x_1 = \ldots = x_n = 0$. Die Basis von Δ_r^a ist eine n-dimensionale, offene Vollkugel vom Radius r. Das System aller Kreiskegel Δ_r^a ist eine Basis des Raumes $\mathbb{R}^{n+1}$. Mit Hilfe der Theorie der Volterraschen Integralgleichungen 2. Art zeigt man (vgl. SMIRNOW [28], S. 647 ff. und ANGER [1], S. 27), daß jeder Kreiskegel $V = \Delta_r^a$ eine reguläre Menge ist. Die zu Punkten $x \in V$ gehörigen harmonischen Maße μ_x^V besitzen dabei eine (z. B. mit Hilfe der Resolvente der genannten Integralgleichung angebbare) Dichte bezüglich des Lebesgueschen Oberflächenmaßes σ. Der Träger von $T\mu_x^V$ ist von der Form

$$T u_x^V = V^* \cap \{ y \in \mathbb{R}^{n+1} : y_{n+1} \leq x_{n+1} \} .$$

Ferner kann man aus der Dichte von μ_x^V bezüglich σ ablesen, daß jede μ_x^V - integrierbare Randfunktion f auf V auch μ_y^V - integrierbar ist für alle $y \in V$ mit $y_{n+1} \leq x_{n+1}$. Mit dieser Bemerkung ergibt sich dann das Konvergenzaxiom in der Form III" wie folgt: Sei f eine numerische Funktion auf V^*, welche für die Punkte x^i einer in V dichten Menge $\mu_{x^i}^V$ - integrierbar ist. Dann ist f μ_x^V - integrierbar für alle x, da zu jedem $x \in V$ ein x^i existiert mit $x_{n+1} < x_{n+1}^i$. Durch Differentiation unter dem Integralzeichen zeigt man wie beim Standard-Beispiel (1), daß $x \to \int f \, d\mu_x^V$ harmonisch in V ist.

§ 3. Randminimum - Prinzip

Im folgenden bezeichne X einen harmonischen Raum mit dem Garbendatum $\mathcal{H}$ seiner harmonischen Funktionen. Die Definition der hyperharmonischen Funktionen erfordert rein formal die Kenntnis <u>aller</u> regulären Mengen in X. Die folgenden Betrachtungen werden zeigen, daß die Forderung (c) in der Definition dieser Funktionen wesentlich abgeschwächt werden kann. Dies ist vor allem eine Konsequenz des Trennungsaxioms.

Definition. Sei $\mathfrak{W}$ eine Abbildung, die jedem $x \in X$ ein Fundamentalsystem $\mathfrak{W}(x)$ regulärer Umgebungen von x zuordnet. Eine auf einer offenen Menge $U \in \mathfrak{U}$ definierte, nach unten halbstetige Funktion $u: U \to]-\infty, +\infty]$ heiße $\mathfrak{W}$-<u>hyperharmonisch</u> in U, wenn für alle $x \in U$ und alle $V \in \mathfrak{W}(x)$ mit $\bar{V} \subset U$ gilt:

$$\int u \, d\mu_x^V \leq u(x) .$$

Jede in U hyperharmonische Funktion ist nach 1.1.1 $\mathfrak{W}$-hyperharmonisch. Daß auch die Umkehrung gilt, ist eines der Ziele der nachfolgenden Betrachtungen. Wir beginnen mit zwei vorbereitenden Lemmata.

Lemma 1.3.1. Sei h_o eine auf X strikt positive Funktion aus $\mathcal{C}(X)$. Dann ist X auch ein harmonischer Raum bezüglich des Garbendatums ${}^{h_o}\mathcal{H}$. Ferner gilt: (a) Die regulären Mengen bezüglich $\mathcal{H}$ stimmen mit den regulären Mengen bezüglich ${}^{h_o}\mathcal{H}$ überein. - (b) Für jede reguläre Menge V und jedes $x \in V$ ist

$${}^{h_o}\mu_x^V = \frac{1}{h_o(x)} \cdot (h_o \mu_x^V)$$

das zu x und V gehörige harmonische Maß bezüglich ${}^{h_o}\mathfrak{X}$. -

(c) Für jedes $U \in \mathfrak{U}$ ist $\left\{\frac{u}{h_o} : u \in \mathfrak{X}^*_U\right\}$ die Menge ${}^{h_o}\mathfrak{X}^*_U$ der bezüglich ${}^{h_o}\mathfrak{X}$ in U hyperharmonischen Funktionen.

${}^{h_o}\mathfrak{X}$ heißt Garbendatum der h_o-harmonischen Funktionen. Entsprechend heißt ${}^{h_o}\mu_x^V$ h_o-harmonisches Maß und ${}^{h_o}\mathfrak{X}^*_U$ Menge der auf U h_o-hyperharmonischen Funktionen.

Beweis. Offenbar ist ${}^{h_o}\mathfrak{X}$ ein dem Axiom I genügendes Garbendatum. Für jede reguläre Menge V (bezüglich $\mathfrak{X}$) ist $\frac{1}{h_o} \cdot H^V_{fh_o}$ die einzige h_o-harmonische Funktion auf V, welche $f \in \mathfrak{C}(V^*)$ stetig auf $\bar{V}$ fortsetzt. Also ist V auch regulär bezüglich ${}^{h_o}\mathfrak{X}$, und es gilt die für ${}^{h_o}\mu_x^V$ angegebene Formel. Wegen ${}^{1/h_o}({}^{h_o}\mathfrak{X}) = \mathfrak{X}$ ist umgekehrt jede bezüglich ${}^{h_o}\mathfrak{X}$ reguläre Menge auch regulär bezüglich $\mathfrak{X}$. Hieraus folgen Axiom II, die Behauptung (c) und damit auch das Axiom IV. Das Axiom III überträgt sich ohne weiteres von $\mathfrak{X}$ auf ${}^{h_o}\mathfrak{X}$. |

Die konstante Funktion 1 ist offenbar genau dann h_o-harmonisch auf X, wenn h_o auf X harmonisch ist.

Lemma 1.3.2. Sei u eine $\mathfrak{W}$-hyperharmonische Funktion ≥ 0 auf X. Dann ist entweder u strikt positiv oder die Menge $A := u^{-1}(0)$ ist nicht kompakt.

Beweis. Wir führen die Annahme, daß A kompakt und $A \neq \emptyset$ ist, zu einem Widerspruch. Dabei kann angenommen werden, daß auf X eine strikt positive, harmonische Funktion h existiert. Ist nämlich $U \in \mathfrak{U}_c(X)$ eine Umgebung von A, so gilt $A = \{x \in U : u(x) = 0\}$ und die Restriktion von u auf U ist $\mathfrak{W}'$-hyperharmonisch für $\mathfrak{V}'(x) = \{V \in \mathfrak{V}(x) : \bar{V} \subset U\}$. Man kann also X durch U ersetzen, ohne die Situation zu verfälschen. Indem man von den harmonischen zu den h-harmonischen Funktionen übergeht, kann schließlich noch angenommen werden, daß die konstante Funktion 1 auf X harmonisch ist. Also gilt dann $\int d\mu_x^V = 1$ für alle harmonischen Maße.

Wir wenden nunmehr das Minimum-Prinzip des § O auf $Y = A$ und die Menge $\mathfrak{E}$ aller auf A eingeschränkten, $\mathfrak{V}$-hyperharmonischen Funktionen an. Wegen $\mathrm{Rest}_A\, \mathfrak{H}_X^* \subset \mathfrak{E}$ und dem Trennungsaxiom ist $\mathfrak{E}$ punktetrennend. Also gibt es nach dem Minimum-Prinzip mindestens einen Punkt $x_o \in A$ mit $\mathfrak{M}_{x_o} = \{\varepsilon_{x_o}\}$. Für jedes $x \in A$ und jede Menge $V \in \mathfrak{V}(x)$ ist andererseits μ_x^V ein Maß auf A. Aus $0 \leq \int u d\mu_x^V \leq u(x) = 0$ folgt nämlich, daß μ_x^V von A getragen wird. Da μ_x^V auch von V^* getragen wird, ist $\mu_x^V \neq \varepsilon_x$. Nach Definition der $\mathfrak{V}$-hyperharmonischen Funktionen gilt außerdem $\mu_x^V \in \mathfrak{M}_x$. Also ist $\mathfrak{M}_x \neq \{\varepsilon_x\}$ für alle $x \in A$. Dieser Widerspruch beweist das Lemma. |

Nunmehr ergeben sich eine Reihe von Folgerungen.

<u>Satz 1.3.3.</u> Ist X ein harmonischer Raum, so besitzt jede Menge $U \in \mathfrak{U}_c$ einen nicht-leeren Rand. Insbesondere ist X nicht kompakt.

<u>Beweis.</u> Das vorangehende Lemma liefert für $u = 0$ die Aussage, daß $X = \bar{u}^1(0)$ nicht kompakt ist. Da jede Menge $U \in \mathfrak{U}$ selbst ein harmonischer Raum ist, kann also keine Menge $U \in \mathfrak{U}$ kompakt sein. Jedes $U \in \mathfrak{U}_c$ besitzt somit einen Rand $U^* \neq \emptyset$. |

Bemerkung. Die Aussage des vorstehenden Satzes kann man auch so aussprechen: Die Alexandroffsche Einpunkt-Kompaktifizierung X_ω von X ist zusammenhängend. Die Existenz einer disjunkten Zerlegung von X_ω in zwei nicht-leere, offene Mengen ist nämlich gleichbedeutend mit der Existenz einer kompakten Menge $U \in \mathfrak{U}_c$.

Satz 1.3.4. In jedem harmonischen Raum X bilden die regulären Gebiete eine Basis. Genauer: jede Zusammenhangskomponente W einer regulären Menge V ist eine reguläre Menge.

Beweis. Da X lokal-zusammenhängend ist, genügt der Beweis der zweiten Behauptung. Sei also W eine Zusammenhangskomponente einer regulären Menge V. Dann gilt $W \in \mathfrak{U}_c$; nach 1.3.3 ist ferner $W^* \neq \emptyset$. Da W^* eine abgeschlossene Teilmenge des kompakten Raumes V^* ist, gibt es zu jedem $f \in \mathfrak{C}(W^*)$ ein $F \in \mathfrak{C}(V^*)$ mit $f = \mathrm{Rest}_{W^*} F$. Im Falle $f \geq 0$ kann $F \geq 0$ gewählt werden. Betrachte $\mathrm{Rest}_W H_F^V$. Diese Funktion ist harmonisch auf W und schließt stetig an f an. Wir haben zu zeigen, daß sie die einzige Funktion h dieser Art ist. Nun ist aber

$$H(x) := \begin{cases} h(x), & x \in W \\ H_F^V(x), & x \in V \setminus W \end{cases}$$

eine in V harmonische Funktion mit $\lim\limits_{\substack{x \to z \\ x \in V}} H(x) = F(z)$ für alle $z \in V^*$. Aus der Regularität von V folgt dann $H = H_F^V$ und hieraus $h = \mathrm{Rest}_W H_F^V$. Ist schließlich $f \geq 0$, so folgt $\mathrm{Rest}_W H_F^V \geq 0$, da $F \geq 0$ gewählt werden kann. Somit ist W regulär. |

Satz 1.3.5 (Randminimum-Prinzip) Sei Y eine Kompaktifizierung eines harmonischen Raumes X, auf welchem die konstante

Funktion 1 hyperharmonisch ist. Dann gilt für jede nach unten halbstetige, numerische Funktion u auf Y, deren Restriktion auf X $\mathfrak{V}$-hyperharmonisch ist:

$$u \geq 0 \quad \text{auf} \quad Y \setminus X \Rightarrow \quad u \geq 0 \text{ auf } Y.$$

Beweis. Sei $\alpha = \inf u(Y)$. Offenbar wird α an einer Stelle $y_o \in Y$ von u als Wert angenommen. Wegen $u \geq 0$ auf $Y \setminus X$ und $u > -\infty$ auf X gilt $\alpha > -\infty$. Wir führen die Annahme $\alpha < 0$ auf einen Widerspruch: Für die Menge

$$A := \{x \in Y: \ u(x) = \alpha\}$$

gilt dann $A \subset X$ sowie $A = \{x \in X: \ v(x) = 0\}$, wenn v die Funktion $x \to u(x) - \alpha$ auf X bezeichnet. Es ist aber v eine $\mathfrak{V}$-hyperharmonische Funktion ≥ 0. Beachtet man noch, daß A nicht-leer und kompakt ist, so liefert 1.3.2 den gesuchten Widerspruch. |

Korollar 1.3.6. Sei Y eine Kompaktifizierung eines harmonischen Raumes X, auf welchem eine hyperharmonische Funktion $h_o \in \mathfrak{C}(X)$ mit $\inf h_o(X) > 0$ existiert. Dann gilt für jede $\mathfrak{V}$-hyperharmonische Funktion u auf X:

$$\liminf_{x \to y} u(x) \geq 0 \text{ für alle } y \in Y \setminus X \quad \Rightarrow \quad u \geq 0.$$

Beweis. Wenn die Konstante 1 auf X hyperharmonisch ist, folgt die Behauptung aus 1.3.5.

Sei nun h_o mit den genannten Bedingungen gegeben. Für jede $\mathfrak{V}$-hyperharmonische Funktion u auf X ist dann $\frac{u}{h_o}$ eine $\mathfrak{V}$-h_o-hyperharmonische Funktion; ferner ist die Konstante 1 h_o-hyperharmonisch. Gilt $\liminf_{x \to y} u(x) \geq 0$ für alle $y \in Y \setminus X$, so folgt wegen der Voraussetzungen über h_o die Aussage

$$\liminf_{x \to y} \frac{u(x)}{h_o(x)} \geq 0 \qquad \text{für alle } y \in Y \setminus X.$$

Die Behauptung ergibt sich somit aus dem bereits erledigten Spezialfall. |

Korollar 1.3.7. Für jede $\mathfrak{W}$-hyperharmonische Funktion u auf einer Menge $U \in \mathfrak{U}_c$ gilt:

$$\liminf_{\substack{x \to y \\ x \in U}} u(x) \geq 0 \text{ für alle } y \in U^* \Rightarrow u \geq 0.$$

Beweis. Wähle ein $W \in \mathfrak{U}_c$ mit $\bar{U} \subset W$. Nach dem Trennungsaxiom gibt es eine auf W strikt positive, harmonische Funktion h_o. Somit ist $\inf h_o(U) = \inf h_o(\bar{U}) > 0$, und es kann 1.3.6 auf den harmonischen Raum U und die Kompaktifizierung $\bar{U}$ angewendet werden. |

Endlich ergibt sich nun auch der bereits angekündigte

Satz 1.3.8. Auf jeder Menge $U \in \mathfrak{U}$ stimmen die $\mathfrak{W}$-hyperharmonischen Funktionen mit den hyperharmonischen Funktionen überein.

Beweis. Sei u eine in $U \in \mathfrak{U}$ $\mathfrak{W}$-hyperharmonische Funktion. Zu zeigen ist die Hyperharmonizität von u. Sei hierzu V eine in U reguläre Menge und f eine Funktion aus $\mathcal{C}(V^*)$ mit $f \leq u$ auf V^*. Dann ist $u - H_f^V$ in V $\mathfrak{W}$-hyperharmonisch. Für jeden Punkt $y \in V^*$ gilt

$$\liminf_{\substack{x \to y \\ x \in V}} (u(x) - H_f^V(x)) \geq \liminf_{\substack{x \to y \\ x \in V}} u(x) - f(y) \geq u(y) - f(y) \geq 0.$$

Nach 1.3.7 folgt daher $u - H_f^V \geq 0$ in V, was gerade zu zeigen war. |

Korollar 1.3.9. $U \to \mathcal{H}^*_U$ ist ein Garbendatum $\mathcal{H}^*$ numerischer Funktionen auf X.

Beweis. Sei $(U_i)_{i \in I}$ eine Familie von Mengen aus $\mathfrak{U}$ und sei u eine auf $U := \bigcup_{i \in I} U_i$ definierte, numerische Funktion mit $\mathrm{Rest}_{U_i}\, u \in \mathcal{H}^*_{U_i}$ für alle $i \in I$. Zu zeigen ist: $u \in \mathcal{H}^*_U$. Zu jedem Punkt $x \in U$ gibt es einen Index $i = i(x) \in I$ mit $x \in U_i$. Man wähle $\mathfrak{V}(x)$ derart, daß ein Fundamentalsystem regulärer Umgebung V von x mit $\bar{V} \subset U_i$ vorliegt. Dann ist u $\mathfrak{V}$-hyperharmonisch auf U, also ein Element von $\mathcal{H}^*_U$. Somit besitzt $\mathcal{H}^*$ auch die noch fehlende Eigenschaft eines Garbendatums. |

Eine häufig verwendete Folgerung aus 1.3.8 ist schließlich noch folgender

Satz 1.3.10. Sei $v \in \mathcal{H}^*_X$, $U \in \mathfrak{U}$, $u \in \mathcal{H}^*_U$ und sei $\liminf_{y \to x, y \in U} u(y) \geq v(x)$ für alle $x \in U^*$. Setzt man dann

$$w(x) = \begin{cases} \inf(u(x), v(x)) \ , & x \in U \\ v(x) \ , & x \in X \setminus U \end{cases} \qquad (x \in X),$$

so ist $w \in \mathcal{H}^*_X$.

Beweis. In jedem Punkt $x \in X$ ist $w(x) > -\infty$ und w nach unten halbstetig. Letzteres bedarf nur für Punkte $x \in U^*$ eines Beweises. Dieser aber folgt aus den Ungleichungen

$$\liminf_{y \to x,\, y \in \complement U} w(y) = \liminf_{y \to x,\, y \in \complement U} v(y) \geq v(x)$$

und

$$\liminf_{y \to x,\, y \in U} w(y) = \inf(\liminf_{y \to x,\, y \in U} u(y), \liminf_{y \to x,\, y \in U} v(y)) \geq v(x).$$

Die Ungleichung $\int w \, d\mu_x^V \leq w(x)$ ist evident für $x \in U$ und jedes in U reguläre V mit $x \in V$. Für jede reguläre Umgebung V eines Punktes

$x \in \complement U$ gilt wegen $w \leq v$: $w(x) = v(x) \geq \int v\,d\mu_x^V \geq \int w\,d\mu_x^V$. Nach 1.3.8 ist somit w hyperharmonisch auf X. |

Bemerkung. Bei den Beweisen der Aussagen 1.3.2 - 1.3.10 wurde das Konvergenzaxiom III nicht herangezogen.

Anwendungen von 1.3.8: Im Standard-Beispiel 1 bezeichnen wir mit k_1 die folgende numerische Funktion auf $\mathbb{R}^n$ $(n \geq 1)$. (Es handelt sich bis auf Vorzeichen und Normierungsfaktor um die Fundamentallösung der Gleichung $\Delta u = 0$.)

$$k_1(x) := \begin{cases} \inf(0, x) & , \text{ falls } n = 1 \\ -\log \|x\| & , \text{ falls } n = 2 \\ \dfrac{1}{\|x\|^{n-2}} & , \text{ falls } n \geq 3 . \end{cases}$$

(Dabei ist natürlich $k_1(0) = +\infty$ für $n \geq 2$.) Dann ist der Newtonsche Kern $K_1 : \mathbb{R}^n \times \mathbb{R}^n \to]-\infty, +\infty]$ definiert durch

$$K_1(x,y) = k_1(x-y) \qquad (x, y \in \mathbb{R}^n).$$

Aus 1.3.8 folgt, daß $x \to K_1(x,a)$ für jedes $a \in \mathbb{R}^n$ eine auf $\mathbb{R}^n$ hyperharmonische Funktion ist. Da diese Funktion offenbar stetig und in $\complement\{a\}$ harmonisch ist, muß nur

$$\int K_1(x,a)\, \mu_a^V(dx) \leq K_1(a,a)$$

für ein Fundamentalsystem regulärer Umgebungen V von a gezeigt werden. Für $n \geq 2$ folgt dies aus $K_1(a,a) = +\infty$ und für $n = 1$ aus $K_1(a,a) = 0 \geq K_1(x,a)$ für alle $x \in \mathbb{R}$.

Im Standard-Beispiel 2 definieren wir folgende Funktionen k_2 auf $\mathbb{R}^{n+1}$ bzw. K_2 auf $\mathbb{R}^{n+1} \times \mathbb{R}^{n+1}$:

$$k_2(x) = \begin{cases} (x_{n+1})^{-n/2} \exp\left(-\dfrac{x_1^2 + \ldots + x_n^2}{4x_{n+1}}\right), & \text{falls } x_{n+1} > 0 \\ 0 \quad , & \text{falls } x_{n+1} \leq 0; \end{cases}$$

$$K_2(x,y) = k_2(x-y) .$$

In Analogie zu Obigem gilt: Für jedes $a \in \mathbb{R}^{n+1}$ ist $x \to K_2(x,a)$ eine auf $\mathbb{R}^{n+1}$ hyperharmonische Funktion. Es genügt offenbar, den Fall $a = 0$, also die Funktion k_2, zu behandeln. Diese ist ≥ 0 und nach unten halbstetig. Die einzige Unstetigkeitsstelle ist der Punkt $a = 0$. Auf der offenen Menge aller $x \in \mathbb{R}^{n+1}$ mit $x_{n+1} \neq 0$ genügt k_2 der Wärmeleitungsgleichung. Zu zeigen ist daher nur die Ungleichung $\int k_2 \, d\mu_x^V \leq k_2(x) = 0$ für Punkte x mit $x_{n+1} = 0$ und für ein Fundamentalsystem regulärer Umgebungen V solcher Punkte x. Die Ungleichung ist aber evident für jeden x enthaltenden Kreiskegel $V = \Delta_r^a$ der in § 2 beschriebenen Art. Dann wird nämlich μ_x^V vom Halbraum aller Punkte $y \in \mathbb{R}^{n+1}$ mit $y_{n+1} \leq 0$ getragen. Auf diesem aber verschwindet die Funktion k_2, so daß $\int k_2 \, d\mu_x^V = 0$ ist.

§ 4. Absorptionsmengen und Harnacksche Ungleichungen.

Wir kehren zurück zu der in 1.3.2 betrachteten Situation und studieren das Nullstellengebilde von hyperharmonischen Funktionen $u \geq 0$.

Definition. Eine Teilmenge A eines harmonischen Raumes X heißt Absorptionsmenge, wenn A abgeschlossen ist und wenn für jeden Punkt $x \in A$ und jede reguläre Umgebung V von x gilt: $T\mu_x^V \subset A$ (wenn also μ_x^V von A getragen wird).

Satz 1.4.1. Für jede Teilmenge A eines harmonischen Raumes X sind folgende Aussagen gleichwertig:

(1) A ist Absorptionsmenge.

(2) A ist abgeschlossen. Zu jedem $x \in A$ existiert ein Fundamentalsystem $\mathfrak{W}(x)$ regulärer Umgebungen mit $T\mu_x^V \subset A$ für alle $V \in \mathfrak{W}(x)$.

(3) Es existiert eine hyperharmonische Funktion $u \geqq 0$ auf X mit

$$A = \overset{-1}{u}(0).$$

Beweis. (1) ⇒ (2): Dies ist trivial. - (2) ⇒ (3): Man setze

$$u(x) := \begin{cases} 0 & , \quad x \in A \\ +\infty & , \quad x \in \complement A . \end{cases}$$

Dann ist $u \geqq 0$ und nach unten halbstetig zufolge der Abgeschlossenheit von A. Für $x \in \complement A$ bestehe $\mathfrak{W}(x)$ aus allen in $\complement A$ regulären Umgebungen von x; für $x \in A$ sei $\mathfrak{W}(x)$ das durch (2) gegebene Umgebungssystem von x. Dann ist u offenbar $\mathfrak{W}$-hyperharmonisch, also hyperharmonisch auf X. Es gilt $A = \overset{-1}{u}(0)$. - (3) ⇒ (1): Sei V eine reguläre Umgebung eines Punktes $x \in A$. Dann gilt $0 \leqq \int u \, d\mu_x^V \leqq u(x) = 0$, woraus $T\mu_x^V \subset \overset{-1}{u}(0) = A$ folgt. |

Jeder harmonische Raum X besitzt triviale Absorptionsmengen, nämlich $\emptyset$ und X. Das Lemma 1.3.2 kann nun auch so ausgesprochen werden: Die leere Menge ist die einzige kompakte Absorptionsmenge. Aus der Kennzeichnung (2) folgt, daß auch jede Zusammenhangskomponente von X eine Absorptionsmenge ist.

Standard-Beispiele. 1. Im ersten Standard-Beispiel sind $\emptyset$ und $X = \mathbb{R}^n$ die einzigen Absorptionsmengen. Sei nämlich A eine nicht-leere Absorptionsmenge, x ein Punkt aus A und $V = K_r(x)$

die offene Vollkugel um x vom Radius r. Nach § 2 ist dann μ_x^V das zu 1 normierte Haarsche Maß der Sphäre $S_r(x)$, also $T\mu_x^V = S_r(x)$. Hieraus folgt $S_r(x) \subset A$ für alle $r > 0$ und somit $A = \mathbb{R}^n$.

2. Im zweiten Standard-Beispiel sind sämtliche Absorptionsmengen gegeben durch

$$A_\tau := \left\{x \in \mathbb{R}^{n+1} : x_{n+1} \leq \tau\right\} \quad (-\infty \leq \tau \leq +\infty).$$

Zunächst sind $A_{-\infty} = \emptyset$ und $A_{+\infty} = \mathbb{R}^{n+1}$ Absorptionsmengen. Für jedes $\tau \in \mathbb{R}$ gilt $A_\tau = \left\{x \in \mathbb{R}^{n+1} : K_2(x,a) = 0\right\}$ für $a = (0,\ldots,0,\tau)$ und die nach § 3 hyperharmonische und nicht-negative Funktion $x \rightarrow K_2(x,a)$. Daß umgekehrt jede Absorptionsmenge A einer der Mengen A_τ gleich ist, sieht man folgendermaßen ein: Für jeden Punkt $x \in A$ und jede reguläre Umgebung V von x gilt $T\mu_x^V \subset A$. Wählt man für V einen Kreiskegel Δ_r^a, der x enthält, so ist gemäß § 2

$$T\mu_x^V = V^* \cap A_{x_{n+1}} .$$

Indem man a und r alle zulässigen Punkte bzw. Werte durchlaufen läßt, erhält man eine Überdeckung von $A_{x_{n+1}}$ durch die Mengen $T\mu_x^V$ und somit die Aussage:

$$x \in A \quad \Rightarrow \quad A_{x_{n+1}} \subset A .$$

Dann aber ist A eine Vereinigung von Mengen A_τ, also wegen der Abgeschlossenheit selbst eine Menge A_{τ_0}.

Das Auftreten nicht trivialer Absorptionsmengen im zweiten Beispiel wird sich bald als ein Charakteristikum des "parabolischen Falles" erweisen.

Eine andersartige Kennzeichnung der Absorptionsmengen liefert der folgende

Satz 1.4.2. Für jede Funktion u $\in \mathcal{X}^*_X$ ist die Menge

$$A_u = \overline{\{x \in X: \quad u(x) < +\infty\}}$$

eine Absorptionsmenge. Umgekehrt ist jede Absorptionsmenge eine derartige Menge A_u.

Beweis. Die Menge A_u ist abgeschlossen. Sei V eine reguläre Umgebung eines Punktes x $\in$ X mit $T\mu_x^V \not\subset A_u$. Dann ist noch zu zeigen, daß x nicht in A_u liegt. Sei z ein Punkt aus $T\mu_x^V \setminus A_u \subset V^* \setminus A_u$. Wegen der Abgeschlossenheit von A_u existiert ein f $\in \mathcal{C}_+(V^*)$ mit $f(z) > 0$ und $f(y) = 0$ für alle $y \in V^* \cap A_u$. Wegen $z \in T\mu_x^V$ folgt dann

$$H_f^V(x) = \int f\, d\mu_x^V > 0$$

und somit $H_f^V(y) > 0$ für alle Punkte y einer geeigneten Umgebung U von x. Folglich ist $T\mu_y^V \not\subset A_u$ für alle y $\in$ U und daher

$$u(y) \geq \int u\, d\mu_y^V = +\infty .$$

Also ist u gleich + ∞ in der Umgebung U von x, so daß x nicht in A_u liegen kann. - Umgekehrt ist jede Absorptionsmenge A von der Form $A = A_u$ mit u $\in \mathcal{X}^*_X$. Man hat nur zu setzen

$$u(x) = \begin{cases} 0 & , \ x \in A \\ +\infty & , \ x \notin A . \end{cases} \quad |$$

Korollar 1.4.3. Ist u $\in \mathcal{X}^*_X$ und gilt $u(x) = +\infty$ im Komplement einer kompakten Menge K, so ist u die konstante Funktion + ∞.

Beweis. Offenbar gilt $A_u \subset K$, so daß A_u eine kompakte Absorptionsmenge ist. Dann aber folgt $A_u = \emptyset$, also die Behauptung. |

Bemerkungen. 1. Ist A eine Absorptionsmenge und u eine hyperharmonische Funktion ≥ 0 auf X, so liegt auch die folgende Funktion u_A in $\mathfrak{X}^*_X$:

$$u_A(x) = \begin{cases} 0 & , \ x \in A \\ u(x) & , \ x \notin A . \end{cases}$$

2. Ist A eine Absorptionsmenge in X und U eine offene Teilmenge von X, so ist $A \cap U$ eine Absorptionsmenge im harmonischen Raum U.

3. Der Durchschnitt einer jeden Familie von Absorptionsmengen ist offenbar wieder eine Absorptionsmenge. Ferner ist die Vereinigung von je endlich vielen Absorptionsmengen $A_1, \ldots, A_n$ eine Absorptionsmenge. In der Tat: es existieren Funktionen $u_1, \ldots, u_n \in {}_+\mathfrak{X}^*_X$ mit $A_i = \overset{-1}{u_i}(0)$ $(i=1,\ldots,n)$. Dann aber gilt $A_1 \cup \ldots \cup A_n = \overset{-1}{u}(0)$ für die hyperharmonische Funktion $u = \inf(u_1, \ldots, u_n)$. Da außerdem $\emptyset$ und X Absorptionsmengen sind, bilden die Absorptionsmengen das System der abgeschlossenen Teilmengen einer Topologie auf X, in welcher wegen des Fehlens nicht-leerer kompakter Absorptionsmengen die Punkte nicht abgeschlossen sind. Wohl aber existiert zu jeder Menge $M \subset X$ eine kleinste, M enthaltende Absorptionsmenge, nämlich der Abschluß A_M von M in der genannten Topologie. Für einpunktige Mengen $M = \{x\}$ schreiben wir A_x anstelle von $A_{\{x\}}$.

Wir verwenden die Absorptionsmengen A_M zur Formulierung der nachfolgenden "Harnackschen Ungleichung". Erstmals in diesem Paragraphen greift dabei entscheidend das Konvergenzaxiom ein. (Es wurde nur bei der Bemerkung verwendet, wonach Zusammenhangskomponenten (offen und daher) Absorptionsmengen sind.)

Satz 1.4.4. Zu jedem Maß $\mu \geq 0$ auf X und jeder kompakten, im Innern $\overset{\circ}{A}_{T\mu}$ der den Träger $T\mu$ enthaltenden, kleinsten Absorptionsmenge $A_{T\mu}$ gelegenen Menge K gibt es eine reelle Zahl $\alpha = \alpha(K, \mu) \geq 0$ derart, daß

$$\sup h(K) \leq \alpha \int h \, d\mu$$

für alle harmonischen Funktionen $h \geq 0$ auf X gilt.

Beweis. Sei $\mathcal{N}$ die Menge aller $h \in {}_+\mathcal{H}_X$ mit $\int h \, d\mu = 1$. Dann genügt es, die Existenz eines $\alpha \in \mathbb{R}_+$ mit $\sup h(K) \leq \alpha$ für alle $h \in \mathcal{N}$ zu beweisen. Dann folgt nämlich $\sup h(K) = \alpha \int h \, d\mu$ zunächst für alle $h \in {}_+\mathcal{H}_X$ mit $\int h \, d\mu > 0$. Aus $h \in {}_+\mathcal{H}_X$ und $\int h \, d\mu = 0$ folgt aber $T\mu \subset \overset{-1}{h}(0)$ und hieraus $\overset{\circ}{A}_{T\mu} \subset \overset{-1}{h}(0)$, da $\overset{-1}{h}(0)$ eine Absorptionsmenge ist. Wegen $K \subset \overset{\circ}{A}_{T\mu}$ ist somit $\sup h(K) = 0$ und damit die zu beweisende Ungleichung $\sup h(K) = \alpha \int h \, d\mu$ erfüllt.

Angenommen, die Funktion $h \to \sup h(K)$ ist auf $\mathcal{N}$ unbeschränkt. Dann gibt es zu jedem $n = 1, 2, \ldots$ ein $h_n \in \mathcal{N}$ und ein $x_n \in K$ mit $2^{2n} \leq h_n(x_n)$. Wir betrachten die Funktion $u := \sum_{n=1}^{\infty} 2^{-n} h_n$, welche nach 1.1.2 auf X hyperharmonisch und ≥ 0 ist. Wegen $\int u \, d\mu = 1$ gilt $T\mu \subset A_u$ für die Absorptionsmenge $A_u = \overline{\{x \in X : u(x) < +\infty\}}$ des Satzes 1.4.2. Somit folgt $A_{T\mu} \subset A_u$, wonach u auf einer in $A_{T\mu}$, also auch in $\overset{\circ}{A}_{T\mu}$ dichten Teilmenge endlich ist. Nach dem Konvergenzaxiom ist dann u in $\overset{\circ}{A}_{T\mu}$ harmonisch, also insbesondere stetig und reellwertig. Aus $K \subset \overset{\circ}{A}_{T\mu}$ folgt daher die Endlichkeit von $\gamma := \sup u(K)$. Dies aber widerspricht den für jedes $n = 1, 2, \ldots$ gültigen Ungleichungen $2^n \leq 2^{-n} h_n(x_n) \leq u(x_n) \leq \gamma$. |

Von Bedeutung sind zwei Spezialfälle: Einmal der Fall, daß $T\mu = X$ und somit $\overset{o}{A}_{T\mu} = A_{T\mu} = X$ gilt. Da X ein lokal-kompakter Raum mit abzählbarer Basis ist, existieren sogar Maße $\mu \geq 0$ der Gesamtmasse 1 mit $T\mu = X$. Zum anderen der Fall, daß μ eine Punktmasse ε_{x_o} ist. Dieser Fall soll jetzt noch weiter verfolgt werden.

Korollar 1.4.5. Sei $\mathfrak{F} \subset \mathfrak{H}_X$ eine nicht-leere, aufsteigend filtrierende Menge harmonischer Funktionen auf X. Sei ferner x_o ein Punkt in X mit

$$\sup_{h \in \mathfrak{F}} h(x_o) < +\infty .$$

Dann ist sup $\mathfrak{F}$ harmonisch in $\overset{o}{A}_{x_o}$.

Beweis. Zu jeder kompakten Menge $K \subset \overset{o}{A}_{x_o}$ existiert eine reelle Zahl $\alpha_K \geq 0$ mit $h(x) \leq \alpha_K h(x_o)$ für alle $h \in {}_+\mathfrak{H}_X$ und alle $x \in K$. Also gilt

$$h_2(x) - h_1(x) \leq \alpha_K (h_2(x_o) - h_1(x_o))$$

für alle $x \in K$ und jedes Paar von Funktionen $h_1, h_2 \in \mathfrak{F}$ mit $h_1 \leq h_2$. Also wird sup $\mathfrak{F}$ auf $\overset{o}{A}_{x_o}$ lokal-gleichmäßig durch Funktionen aus $\mathfrak{F}$ approximiert. Dann aber ist sup $\mathfrak{F}$ in $\overset{o}{A}_{x_o}$ harmonisch. |

Korollar 1.4.6. Seien x und y Punkte einer regulären Menge V in X derart, daß y im Innern der kleinsten, x enthaltenden Absorptionsmenge im harmonischen Raum V liegt. Dann besitzt das harmonische Maß μ_y^V eine beschränkte Dichte bezüglich μ_x^V.

Beweis. Für jedes $f \in \mathfrak{C}_+(V^*)$ ist H_f^V eine in V harmonische Funktion ≥ 0. Folglich existiert ein reelles $\alpha \geq 0$ mit

$$H_f^V(y) \leq \alpha \; H_f^V(x) \qquad \text{für alle } f \in \mathcal{C}_+(V^*).$$

Es gilt daher $\mu_y^V \leq \alpha \mu_x^V$, woraus die Existenz einer Dichte $d_{x,y}$ mit $0 \leq d_{x,y} \leq \alpha$ und $\mu_y^V = d_{x,y} \mu_x^V$ folgt.|

Bemerkung. Bereits für $\mu = \varepsilon_x$ verliert die Aussage von 1.4.4 ihre Gültigkeit, wenn man von der kompakten Menge K nur $K \subset A_x$ fordert. Man betrachte etwa das Standard-Beispiel 2 für n = 1, also die Wärmeleitungsgleichung $\frac{\partial^2 u}{\partial x_1{}^2} = \frac{\partial u}{\partial x_2}$ im $\mathbb{R}^2$. Wähle $x = (0,0)$ und $K = \{y\}$ mit $y = (1,0)$. Für jedes $\lambda \in \mathbb{R}$ ist dann $u_\lambda(x_1, x_2) = e^{\lambda x_1} e^{\lambda^2 x_2}$ eine Lösung der Gleichung mit $u_\lambda(0,0) = 1$ und $u_\lambda(1,0) = e^\lambda$. Aber es existiert kein $\alpha \in \mathbb{R}_+$ mit $e^\lambda \leq \alpha$ für alle $\lambda \in \mathbb{R}$.

§ 5. Elliptische harmonische Räume

Im Standard-Beispiel (1) gilt $T\mu_x^V = V^*$ für jede offene Vollkugel V mit dem Mittelpunkt x. Durch diese Feststellung angeregt, definieren wir:

Definition: Ein harmonischer Raum X heißt elliptisch in einem Punkte $x \in X$, wenn dieser ein Fundamentalsystem $\mathfrak{W}(x)$ regulärer Umgebungen besitzt derart, daß

$$T\mu_x^V = V^*$$

für alle $V \in \mathfrak{W}(x)$ gilt. Der Raum X heißt elliptisch, wenn er in jedem seiner Punkte elliptisch ist.

Offenbar ist mit X auch jede offene Teilmenge $U \neq \emptyset$, insbesondere jede Zusammenhangskomponente, ein elliptischer harmonischer Raum. Im Standard-Beispiel (1) handelt es sich um elliptische Räume. Im Standard-Beispiel (2) ist der Raum $X = \mathbb{R}^{n+1}$ in keinem Punkte $x \in X$ elliptisch, da für jede reguläre Umgebung V von x die Relation $T\mu_x^V \subset A_{x_{n+1}}$ gilt und offenbar $V^* \cap \complement A_{x_{n+1}} \neq \emptyset$ ist. Dabei ist $A_{x_{n+1}}$ die in § 4 besprochene Absorptionsmenge.

Das folgende Lemma zeigt, daß die in der Definition auftretenden regulären Mengen $V \in \mathfrak{V}(x)$ zusammenhängend angenommen werden dürfen.

Lemma 1.5.1. Sei V eine reguläre Umgebung von x mit $T\mu_x^V = V^*$. Ist dann W die x enthaltende Zusammenhangskomponente von V, so ist W eine reguläre Umgebung von x mit $T\mu_x^W = W^*$.

Beweis. Nach 1.3.4 und dem dort geführten Beweis ist W regulär und $\mu_x^W = \mu_x^V$. Also gilt $V^* = T\mu_x^V = T\mu_x^W \subset W^* \subset V^*$ und somit $T\mu_x^W = W^*$. |

Im folgenden zeigen wir die Identität der elliptischen harmonischen Räume mit den von BRELOT [15] studierten Räumen. Zunächst ergibt sich eine im Standard-Beispiel (1) bereits bekannte Aussage.

Satz 1.5.2. In jedem zusammenhängenden, elliptischen, harmonischen Raum X sind $\emptyset$ und X die einzigen Absorptionsmengen.

Beweis. Wir zeigen, daß jede Absorptionsmenge $A \neq X$ leer ist. Sei hierzu Z eine Zusammenhangskomponente von $\complement A$. Es genügt zu beweisen, daß Z abgeschlossen ist. Wegen des Zusammenhanges von X folgt dann nämlich $Z = X$. Wir führen die Annahme der Existenz eines Punktes $x \in \bar{Z} \setminus Z$ zum Widerspruch. Dann gibt es eine reguläre Umgebung V von x mit $T\mu_x^V = V^*$ und $Z \not\subset V$. Da A Absorptionsmenge ist, folgt $V^* = T\mu_x^V \subset A$, so daß $V \cap Z$ in Z offen und abgeschlossen ist. Wegen $Z \not\subset V$ muß dann $V \cap Z = \emptyset$ sein. Dies aber widerspricht der Annahme, wonach x in $\bar{Z}$ liegt. |

Korollar 1.5.3. Ist X ein elliptischer harmonischer Raum, so gilt $T\mu_x^V = V^*$ für jedes reguläre Gebiet V und jedes $x \in V$. Sämtliche Absorptionsmengen von X sind durch die Vereinigungen von Zusammenhangskomponenten von X gegeben.

Beweis. Sei V ein reguläres Gebiet und sei f eine Funktion aus $\mathcal{C}_+(V^*)$ mit $f \neq 0$. Nun ist aber die Menge aller $x \in V$ mit $H_f^V(x) = 0$ nach 1.4.1 eine Absorptionsmenge in V, also nach 1.5.2 entweder leer oder gleich V. Da H_f^V stetig an $f \neq 0$ anschließt, kann nur der erste Fall vorliegen: Es ist $H_f^V(x) > 0$ für alle $x \in V$. Hieraus folgt offenbar $T\mu_x^V = V^*$. - In jedem harmonischen Raum sind die Vereinigungen von Zusammenhangskomponenten Absorptionsmengen. Sei nun $A \neq \emptyset$ Absorptionsmenge im elliptischen Raum X. Für jedes $x \in A$ und die x enthaltende Zusammenhangskomponente Z_x von X ist $Z_x \cap A$ eine Absorptionsmenge im elliptischen harmonischen Raum Z_x, also nach 1.5.2 entweder leer oder gleich Z_x. Wegen $x \in Z_x \cap A$ folgt $Z_x \cap A = Z_x$, also $Z_x \subset A$. Somit gilt $A = \bigcup_{x \in A} Z_x$. |

Korollar 1.5.4. Besitzt eine hyperharmonische Funktion $u \geq 0$ auf einem zusammenhängenden, elliptischen, harmonischen Raum mindestens eine Nullstelle, so gilt $u(x) = 0$ für alle $x \in X$.

Beweis. Dies folgt unmittelbar aus 1.4.1. |

Korollar 1.5.5 (Harnacksche Ungleichung). Sei G ein Gebiet in einem elliptischen, harmonischen Raum X, K eine kompakte Teilmenge von G und x ein Punkt aus G. Dann existiert eine reelle Zahl $\alpha \geq 0$ derart, daß für alle auf G harmonischen Funktionen $h \geq 0$ gilt: $\sup h(K) \leq \alpha h(x)$.

Beweis. Dies folgt aus 1.4.4 und 1.5.2. |

Satz 1.5.6. In jedem elliptischen, harmonischen Raum X gilt die folgende Verschärfung von III:

III_B. (Brelotsches Konvergenzaxiom) Für die obere Einhüllende $h := \sup h_n$ einer jeden isotonen Folge harmonischer Funktionen auf einem Gebiet $G \subset X$ gilt: entweder ist h die konstante Funktion $+\infty$ oder h ist harmonisch auf G.

Ist umgekehrt X ein lokal-zusammenhängender, lokal-kompakter Raum mit abzählbarer Basis und $\mathfrak{H}$ ein den Axiomen I, II, III_B, IV genügendes Garbendatum numerischer Funktionen, so ist X ein elliptischer, harmonischer Raum bezüglich $\mathfrak{H}$.

Beweis. Nach 1.4.2 ist der bezüglich G gebildete Abschluß A_h der Menge aller $x \in G$ mit $h(x) < +\infty$ eine Absorptionsmenge im elliptischen, harmonischen Raum X. Also ist entweder $A_h = \emptyset$ und damit h die Konstante $+\infty$ oder es ist $A_h = G$ und damit $h(x) < +\infty$ auf einer dichten Teilmenge von G. Aus III folgt in diesem Falle die Harmonizität von h.

Seien umgekehrt X und $\mathfrak{H}$ mit den genannten Eigenschaften gegeben. Nachzuweisen ist zunächst das Konvergenzaxiom. Sei also $U \in \mathfrak{U}$ und (h_n) eine isotone Folge aus $\mathfrak{H}_U$, deren obere Einhüllende $h := \sup h_n$ auf einer dichten Teilmenge endlich ist.

Zu zeigen ist: $h \in \mathcal{H}_U$. Wegen des lokalen Zusammenhangs kann U selbst als zusammenhängend, also als Gebiet angenommen werden. Dann aber folgt die Harmonizität aus III_B. Also ist X ein harmonischer Raum. Er ist elliptisch, da für jedes reguläre Gebiet V und jeden Punkt $x \in V$ gilt $T\mu_x^V = V^*$; nach 1.3.3 bilden die regulären Gebiete ferner eine Basis der Topologie. Die Eigenschaft $T\mu_x^V = V^*$ sieht man so ein: Sei f eine Funktion aus $\mathcal{C}_+(V^*)$ mit $f \neq 0$. Zu zeigen ist $\int f d\mu_x^V = H_f^V(x) > 0$ für alle $x \in V$. Nun ist aber H_f^V eine in V harmonische Funktion ≥ 0 und somit: $h := \sup n \cdot H_f^V$ nach III_B entweder die Konstante $+\infty$ oder harmonisch in V. Da h nur der Werte 0 und $+\infty$ fähig ist, bedeutet dies, daß h entweder die konstante Funktion $+\infty$ oder 0 ist. Wegen $f \neq 0$ bleibt nur die erste Möglichkeit. Also ist $H_f^V(x) > 0$ für jedes $x \in V$. |

<u>Bemerkung.</u> Die in 1.5.5 behauptete Existenz von $\alpha \geq 0$ für jedes Gebiet G, jedes kompakte $K \subset G$ und jedes $x \in G$ ist bei Gültigkeit von I und II <u>äquivalent</u> zum Axiom III_B. Sei nämlich (h_n) eine isotone Folge harmonischer Funktionen in einem Gebiet $G \subset X$, für welche $h := \sup h_n$ in mindstens einem Punkt $x_o \in G$ endlich ist. Zu kompaktem $K \subset G$ gibt es dann eine reelle Zahl $\alpha \geq 0$ mit $0 \leq h_n(x) - h_m(x) \leq \alpha(h_n(x_o) - h_m(x_o))$ für alle $x \in K$ und alle Paare natürlicher Zahlen $m \leq n$. Aus der Konvergenz der Folge $(h_n(x_o))$ folgt daher die lokal-gleichmäßige Konvergenz von (h_n) auf G. Nach 1.1.5 ist somit h harmonisch auf G.

Aus 1.4.5 und 1.5.2 folgt schließlich noch

<u>Satz 1.5.7.</u> Für jedes reguläre Gebiet V eines elliptischen, harmonischen Raumes und jede numerische Funktion f auf V^*

ist die μ_x^V - Integrierbarkeit von f unabhängig von der Wahl von $x \in V$. Desgleichen sind die μ_x^V - Nullmengen von x unabhängig.

§ 6. Eine äquivalente Definition harmonischer Räume

Gegen die Definition eines harmonischen Raumes kann man zweierlei einwenden. Erstens: In der Definition der in das Basisaxiom II eingehenden regulären Mengen wird verlangt, daß für jede stetige Randfunktion die erste Randwertaufgabe auf genau eine Weise gelöst werden kann. Dies ist ein verstecktes Randminimum-Prinzip. Das Randminimum-Prinzip wird in seiner vollen Allgemeinheit aber erst später behandelt. - Zweitens: Die Definition einer hyperharmonischen Funktion zieht zunächst alle regulären Mengen heran. Erst später folgt der Satz über die Identität von $\mathfrak{V}$-hyperharmonischen und hyperharmonischen Funktionen.

Im folgenden soll kurz skizziert werden, daß ein harmonischer Raum auch so definiert werden kann, daß man den beiden Einwänden gerecht wird.

Sei hierzu wieder X ein lokal-kompakter Raum mit abzählbarer Basis +) und $\mathfrak{H}$ ein Garbendatum numerischer Funktionen auf X. Das Axiom I wird unverändert übernommen. Das Basisaxiom wird ersetzt durch

Axiom II*. Jeder Punkt $x \in X$ besitzt ein Fundamentalsystem

+) Die Existenz der abzählbaren Basis ist für diesen Paragraphen nebensächlich.

$\mathfrak{V}(x)$ offener, relativ-kompakter Umgebungen V, welche sämtlich folgende Eigenschaften besitzen:

(a) $V^* \neq \emptyset$;

(b) jede Funktion $f \in \mathfrak{C}(V^*)$ kann auf mindestens eine Weise auf $\overline{V}$ stetig so fortgesetzt werden, daß die Restriktion H_f^V der Fortsetzung auf V harmonisch in V ist und daß $f \longrightarrow H_f^V(x)$ eine positive Linearform auf $\mathfrak{C}(V^*)$ ist.

(c) für jede in einer Umgebung von $\overline{V}$ harmonische Funktion h und deren Restriktion f auf V^* gilt $H_f^V = \mathrm{Rest}_V h$.

Schon jetzt sei bemerkt, daß die Poissonsche Formel im Standard-Beispiel (1) und ihr Analogon im Standard-Beispiel (2) nicht anderes lehren als das Erfülltsein von II^*.

Gemäß der Eigenschaft (b) hat man nun wieder ein harmonisches Maß μ_x^V für alle $V \in \mathfrak{V}(x)$ zur Verfügung. Es ist durch $H_f^V(x) = \int f \, d\mu_x^V$ für alle $f \in \mathfrak{C}(V^*)$ definiert.

Das Konvergenzaxiom lassen wir beiseite, da es bei der jetzt folgenden Betrachtung unnötig ist. Abgewandelt wird die Definition der hyperharmonischen Funktionen. Eine auf einer offenen Menge U definierte Funktion $u: U \longrightarrow \left]-\infty, +\infty\right]$ wird hyperharmonisch genannt, wenn sie nach unten halbstetig ist und wenn für jeden Punkt $x \in U$ und jedes $V \in \mathfrak{V}(x)$ mit $\overline{V} \subset U$ gilt: $\int u \, d\mu_x^V \leq u(x)$.

$\mathfrak{X}_X^{**}$ bezeichne die Menge dieser auf X hyperharmonischen Funktionen. Axiom IV^* geht aus IV dadurch hervor, daß man $\mathfrak{X}_X^*$ durch $\mathfrak{X}_X^{**}$ ersetzt.

Aufbauend auf die Axiome I, II^* und IV^* beweist man dann wie bisher das Lemma 1.3.2, das Randminimum-Prinzip 1.3.5 und seine beiden Korollare. Die dortigen $\mathfrak{V}$-hyperharmonischen Funktionen müssen dann durch die Funktionen aus $\mathfrak{H}^{**}_X$ bzw. $\mathfrak{H}^{**}_U$ ersetzt werden.

Mit der bisherigen Definition einer regulären Menge folgt sodann, daß alle Mengen $V \in \mathfrak{V}(x)$ (mit $x \in X$) regulär sind. Dies ergibt sich unmittelbar aus dem soeben erwähnten, 1.3.7 ersetztenden Resultat. Schließlich definiert man wie bisher die Mengen $\mathfrak{H}^*_U$ der "allgemeinen" hyperharmonischen Funktionen. Der Beweisgedanke von 1.3.8 liefert dann schließlich die Gleichheit

$$\mathfrak{H}^{**}_U = \mathfrak{H}^*_U$$

für alle $U \in \mathfrak{U}$. Damit ist der Anschluß an den bisherigen Aufbau der Theorie hergestellt und zugleich die Äquivalenz der beiden auf den Axiomen I - IV bzw. I, II^*, III, IV^* beruhenden Theorien gezeigt.

II. SUPERHARMONISCHE FUNKTIONEN UND POTENTIALE

Im folgenden sei wieder X ein harmonischer Raum und $\mathcal{H}$ das zugehörige Garbendatum der harmonischen Funktionen.

§ 1. Nahezu hyperharmonische Funktionen.

Wir lernen nunmehr ein wichtiges Erzeugungsprinzip für hyperharmonische Funktionen kennen.

Definition. Sei $\mathfrak{V}$ eine Basis regulärer Teilmengen von X. Eine numerische Funktion v auf X heiße $\mathfrak{V}$-<u>nahezu hyperharmonisch</u>, wenn sie folgende zwei Eigenschaften besitzt:

(a) v ist lokal nach unten beschränkt;

(b) $\int^* v \, d\mu_x^V \leq v(x)$ für alle $V \in \mathfrak{V}$ und alle $x \in V$.

Ist $\mathfrak{V}$ speziell das System aller regulären Mengen, so heiße v schlechthin <u>nahezu hyperharmonisch</u>.

Offenbar ist jede hyperharmonische Funktion nahezu hyperharmonisch. Umgekehrt gilt:

Satz 2.1.1. Die Regularisierte $\hat{v}$ einer jeden $\mathfrak{V}$-nahezu hyperharmonischen Funktion v ist hyperharmonisch auf X. Es gilt für jedes $x \in X$

$$\hat{v}(x) = \sup_{\substack{V \in \mathfrak{V} \\ x \in V}} \int^* v \, d\mu_x^V$$

<u>Beweis.</u> Da v lokal nach unten beschränkt ist, gilt $\hat{v}(x) > -\infty$ für alle $x \in X$. Wegen der Identität $\mathfrak{V}$-hyperharmonischer und hyperharmonischer Funktionen folgt die Hyperharmonizität von $\hat{v}$

aus der Gültigkeit von

$$\int \hat{v}\, d\mu_x^V \leq \hat{v}(x) \qquad \text{für alle } V \in \mathfrak{V} \text{ und } x \in V.$$

Dies ergibt sich so: es ist $\hat{v} \leq v$ und somit $\int \hat{v}\, d\mu_x^V \leq \int^* v\, d\mu_x^V \leq v(x)$. Nach 1.1.9 ist $x \longrightarrow \int^* v\, d\mu_x^V$ auf V hyperharmonisch, also nach unten halbstetig. Aus $\int^* v\, d\mu_x^V \leq v(x)$ für alle $x \in V$ folgt daher sogar $\int^* v\, d\mu_x^V \leq \hat{v}(x)$ für ebendiese x.

Aus der bisherigen Überlegung folgt

$$\hat{v}(x) \geq \sup_{\substack{V \in \mathfrak{V} \\ x \in V}} \int^* v\, d\mu_x^V .$$

Die Gleichheit folgt so: Sei $x \in X$ und α eine reelle Zahl $< \hat{v}(x)$; sei ferner $U \in \mathfrak{U}_c(x)$. Nach dem Trennungsaxiom gibt es eine auf U strikt positive, harmonische Funktion h. Es kann $h(x) = 1$ angenommen werden, so daß $\alpha h(x) < \hat{v}(x)$ gilt. Dann aber gibt es eine Menge $V \in \mathfrak{V}$ mit $x \in V \subset \overline{V} \subset U$ und $\alpha h(y) < \hat{v}(y)$ für alle $y \in \overline{V}$. Die Behauptung folgt dann aus: $\alpha = \alpha \int h\, d\mu_x^V \leq \int \hat{v}\, d\mu_x^V \leq \int^* v\, d\mu_x^V$. |

Korollar 2.1.2. Bezeichnet $\mathfrak{F}(x)$ den Abschnittsfilter der absteigend filtrierenden Menge aller $V \in \mathfrak{V}$ mit $x \in V$, so gilt

$$\hat{v}(x) = \lim_{\mathfrak{F}(x)} \int^* v\, d\mu_x^V .$$

<u>Beweis.</u> Nach dem Monotonie-Kriterium ist nur zu zeigen, daß für Mengen $W, V \in \mathfrak{V}$ aus $x \in W \subset \overline{W} \subset V$ folgt: $\int^* v\, d\mu_x^V \leq \int^* v\, d\mu_x^W$. Nach 1.1.9 ist die Funktion $w(x) := \int^* v\, d\mu_x^V$ auf V Limes einer isotonen Folge harmonischer Funktionen. Daher gilt

$$\int^* w d\mu_x^W = w(x) = \int^* v d\mu_x^V ;$$

aus $w \leq v$ (auf V) folgt noch $\int^* w d\mu_x^W \leq \int^* v d\mu_x^W$. |

Korollar 2.1.3. Für jede $\mathfrak{V}$-nahezu hyperharmonische Funktion v gilt

$$\hat{v}(x) = \liminf_{y \to x,\, y \neq x} v(y) \qquad (x \in X).$$

Beweis. Durchläuft V das System aller hinreichend kleinen $V \in \mathfrak{V}$ mit $x \in V$, so gilt:

$$\hat{v}(x) = \liminf_{y \to x} v(y) \leq \liminf_{y \to x,\, y \neq x} v(y) = \sup_V \inf v(\bar{V} \setminus \{x\})$$

$$\leq \sup_V \frac{\int^* v \, d\mu_x^V}{\int d\mu_x^V} \; .$$

Die Behauptung folgt daher aus 2.1.1 und nachfolgendem Lemma. |

Lemma 2.1.4. Für jeden Punkt $x \in X$ gilt

$$\lim_{\mathfrak{F}(x)} \int d\mu_x^V = 1 \, .$$

Beweis. Sei $0 < \eta < 1$ und $U \in \mathfrak{U}_c(x)$. In U gibt es nach dem Trennungsaxiom eine strikt positive, harmonische Funktion h mit $h(x) = 1$. Dann gilt für jede reguläre Umgebung V von x mit $\bar{V} \subset \{y \in U : |h(y)-1| < \eta\}$:

$$\left| \int d\mu_x^V - 1 \right| = \left| \int (1-h) d\mu_x^V \right| \leq \eta \int d\mu_x^V \, .$$

Hieraus folgt $(1+\eta)^{-1} \leq \int d\mu_x^V \leq (1-\eta)^{-1}$. |

Die folgenden Eigenschaften $\mathfrak{V}$-nahezu hyperharmonischer Funktionen folgen aus entsprechenden Rechenregeln über Oberintegrale:

1) Mit v ist auch λv $\mathfrak{V}$-nahezu hyperharmonisch ($\lambda \in \mathbb{R}_+$).

2) Mit v_1 und v_2 ist auch $v_1 + v_2$ $\mathfrak{V}$-nahezu hyperharmonisch.

3) Die obere Einhüllende $\sup v_n$ jeder isotonen Folge $\mathfrak{V}$-nahezu hyperharmonischer Funktionen ist $\mathfrak{V}$-nahezu hyperharmonisch.

4) Für jede lokal-gleichmäßig nach unten beschränkte Familie $(v_i)_{i \in I}$ $\mathfrak{V}$-nahezu hyperharmonischer Funktionen ist auch $\inf_{i \in I} v_i$ $\mathfrak{V}$-nahezu hyperharmonisch.

In den genannten vier Fällen gilt für die zugehörigen Regularisierten:

1) $\widehat{\lambda v} = \lambda \hat{v}$;

2) $\widehat{v_1 + v_2} = \hat{v}_1 + \hat{v}_2$;

3) $\widehat{\sup v_n} = \sup \hat{v}_n$;

4) $\widehat{\inf v_i}$ ist die größte hyperharmonische Minorante der Familie $(v_i)_{i \in I}$.

<u>Beweis.</u> Zu 2: Bei Verwendung der Resultate aus 2.1.2 erhält man für jedes $x \in X$:

$$\hat{v}_1(x) + \hat{v}_2(x) \leq \liminf_{y \to x} (v_1(y) + v_2(y)) = \widehat{v_1 + v_2}(x)$$

$$= \lim_{\mathfrak{f}(x)} \int^* (v_1 + v_2) d\mu_x^V \leq \lim_{\mathfrak{f}(x)} \left(\int^* v_1 d\mu_x^V + \int^* v_2 d\mu_x^V \right)$$

$$= \hat{v}_1(x) + \hat{v}_2(x).$$

Zu 3: Setzt man $v := \sup v_n$, so gilt nach 2.1.1:

$$\hat{v}(x) = \sup_{\substack{V \in \mathfrak{V} \\ x \in V}} \int^* v \, d\mu_x^V = \sup_V \sup_n \int^* v_n d\mu_x^V = \sup_n \sup_V \int^* v_n d\mu_x^V$$

$$= \sup \hat{v}_n(x).$$

Dabei ist die Vertauschung der Suprema erlaubt, da $n \to \int^* v_n d\mu_x^V$ isoton ist und da aus $W, V \in \mathfrak{V}$ mit $x \in W \subset \overline{W} \subset V$ folgt $\int^* v_n d\mu_x^V \leq \int^* v_n d\mu_x^W$. (Man vergleiche den Beweis von 2.1.2.). - Die Eigenschaften 1 und 4 sind evident. |

Definition. Eine Menge $A \subset X$ heißt <u>vernachlässigbar</u>, wenn für alle regulären Mengen V und alle $x \in V$ gilt: $\mu_x^V(A) = 0$.

Zwei auf X definierte Abbildungen f und g sollen <u>nahezu gleich</u> heißen, wenn die Menge $\{x \in X: f(x) \neq g(x)\}$ vernachlässigbar ist. Besitzen alle Punkte $x \in X \setminus A$ eine Eigenschaft E und ist A vernachlässigbar, so sagen wir: die Eigenschaft E ist <u>nahezu überall</u> erfüllt.

Es ergibt sich dann noch

Satz 2.1.5. Für je zwei $\mathfrak{W}$-hyperharmonische Funktionen v_1, v_2 gilt:

$$v_1(x) \leq v_2(x) \text{ nahezu überall} \Rightarrow \hat{v}_1 \leq \hat{v}_2 .$$

Beweis: Für jede reguläre Menge V und jedes $x \in V$ gilt

$$\int^* v_1 \, d\mu_x^V \leq \int^* v_2 \, d\mu_x^V ,$$

da die Menge der $x \in X$ mit $v_1(x) > v_2(x)$ eine μ_x^V-Nullmenge ist. Die Behauptung folgt somit aus 2.1.1. |

Insbesondere gilt also $\hat{v}_1 = \hat{v}_2$ für zwei nahezu gleiche, $\mathfrak{W}$-hyperharmonische Funktionen v_1 und v_2.

Schließlich bemerken wir noch:

Lemma 2.1.6. Das Komplement jeder vernachlässigbaren Menge A liegt dicht in X.

Beweis. Da jedes harmonische Maß μ_x^V von V^* getragen wird, gilt einerseits $\mu_x^V(A \cap V^*) = \mu_x^V(A) = 0$. Da nach dem Trennungsaxiom eine in einer Umgebung von $\overline{V}$ definierte, strikt positive, harmonische Funktion h existiert und für diese $h(x) = \int h \, d\mu_x^V$ gilt, muß $\mu_x^V(V^*) > 0$ sein. Somit hat die Menge $V^* \setminus A$ positives μ_x^V-Maß, also ist $V^* \setminus A \neq \emptyset$ für alle regulären Mengen V. Nach dem Basisaxiom liegt dann $\complement A$ in X dicht. |

Bemerkung. Eine $\mathfrak{W}$-nahezu hyperharmonische Funktion ist im allgemeinen nicht nahezu hyperharmonisch. Hierfür gibt es bereits im Falle des Standard-Beispiels (1) bekannte Beispiele. Vgl. BRELOT [17], p. 76.

§ 2. Reduzieren und Fegen von Funktionen

Eines der wichtigsten Anwendungsbeispiele für die Betrachtungen des § 1 ist das folgende: Sei $\varphi : X \rightarrow \overline{\mathbb{R}}_+$ eine numerische Funktion ≥ 0 auf X und sei E eine Teilmenge von X. Wir setzen

$$R_\varphi^E := \inf \left\{ v \in {}_+\mathcal{H}_X^* : v(x) \geq \varphi(x) \text{ für alle } x \in E \right\}.$$

Diese Funktion ist <u>nahezu hyperharmonisch</u> als untere Einhüllende einer gleichmäßig (durch 0) nach unten beschränkten Familie hyperharmonischer Funktionen. Statt $\widehat{R_\varphi^E}$ schreiben wir $\hat{R}_\varphi^E$. Diese Funktion ist <u>hyperharmonisch</u>, und es gilt

$$0 \leq \hat{R}_\varphi^E \leq R_\varphi^E .$$

R_φ^E bzw. $\hat{R}_\varphi^E$ heißt die <u>Reduzierte</u> bzw. <u>Gefegte</u> von φ bezüglich E. Man beachte, daß beide Funktionen nur von der Restriktion von φ auf E abhängen.

Besonders wichtig ist der Fall, daß φ eine hyperharmonische Funktion $u \geq 0$ auf X ist. Indem wir die in der Definition von R_u^E auftretenden v durch inf(u, v) ersetzen, erhalten wir:

$$R_u^E = \inf \left\{ v \in \mathcal{H}_X^* : \quad 0 \leq v \leq u, \quad v(x) = u(x) \text{ auf } E \right\}.$$

Somit gilt

$$0 \leq \hat{R}_u^E \leq R_u^E \leq u$$

und $$R_u^E(x) = u(x) \qquad \text{für alle } x \in E.$$

Es sollen erste Aussagen über diese Funktionen bewiesen werden.

Satz 2.2.1. Für jede offene Menge $G \subset X$ und jede Funktion $u \in {}_+\mathcal{H}_X^*$ gilt

$$\hat{R}_u^G = R_u^G .$$

Beweis. $\hat{R}_u^G$ ist eine hyperharmonische Funktion ≥ 0 mit $\hat{R}_u^G(x) = R_u^G(x)$ auf G wegen der Offenheit dieser Menge. Also gilt $\hat{R}_u^G(x) = u(x)$ für alle $x \in G$. Hieraus folgt $R_u^G \leq \hat{R}_u^G$ nach Definition der Reduzierten und damit die behauptete Gleichheit. |

Satz 2.2.2. Für jede hyperharmonische Funktion u auf X und jede reguläre Menge V ist die Funktion

$$u_V(x) = \begin{cases} \int u \, d\mu_x^V & , \quad x \in V \\ u(x) & , \quad x \in \complement V \end{cases}$$

hyperharmonisch auf X. Im Falle $u \geq 0$ gilt:

$$u_V = \hat{R}_u^{\complement V} = R_u^{\complement V} .$$

Beweis. Aus der Hyperharmonizität von u folgt $u_V \leq u$. Nach 1.1.9 ist $x \longrightarrow \int u \, d\mu_x^V$ auf V hyperharmonisch. Also ist u_V hyperharmonisch gemäß 1.3.10, wenn noch gezeigt wird, daß für alle $z \in V^*$ gilt:

$$\liminf_{\substack{x \to z \\ x \in V}} u_V(x) \geq u(z).$$

Man wähle hierzu eine beliebige Funktion $f \in \mathcal{C}(V^*)$ mit $f \leq u$ auf V^*. Dann ist $u_V(x) \geq H_f^V(x)$ auf V und somit

$$\liminf_{\substack{x \to z \\ x \in V}} u_V(x) \geq \lim_{\substack{x \to z \\ x \in V}} H_f^V(x) = f(z).$$

Hieraus folgt die behauptete Ungleichung.

Sei nun $u \geq 0$. Aus $u_V \in {}_+\mathcal{H}_X^*$ und $u_V(x) = u(x)$ auf $\complement V$ folgt $R_u^{\complement V} \leq u_V$. Für jedes $v \in {}_+\mathcal{H}_X^*$ mit $v \geq u$ auf $\complement V$ gilt offenbar $v \geq u_V$, woraus $R_u^{\complement V} \geq u_V$ und damit auch $\hat{R}_u^{\complement V} \geq \hat{u}_V = u_V$ folgt. Somit ergibt sich $u_V = \hat{R}_u^{\complement V} = R_u^{\complement V}$. |

§ 3. Superharmonische Funktionen

Definition. Eine auf einer Menge $U \in \mathfrak{U}(X)$ definierte Funktion s heißt superharmonisch auf U, wenn sie hyperharmonisch auf U und auf einer dichten Teilmenge von U endlich ist. s heißt subharmonisch, wenn -s superharmonisch ist.

Es genügt offenbar superharmonische Funktion auf X zu studieren, da jedes $U \in \mathfrak{U}$ selbst wieder ein harmonischer Raum ist. $\mathcal{S}_U$ bezeichne fortan die Menge der superharmonischen Funktionen auf $U \in \mathfrak{U}$. $U \to \mathcal{S}_U$ ist offenbar ein Garbendatum numerischer Funktionen auf X.

Bemerkungen. 1. Eine Funktion $u \in \mathfrak{X}^*_X$ ist genau dann superharmonisch, wenn die Absorptionsmenge A_u aus 1.4.2 gleich X ist.

2. Für jede Absorptionsmenge $A \neq X$ ist

$$u(x) = \begin{cases} 0 \ , & x \in A \\ +\infty \ , & x \in \complement A \end{cases}$$

eine hyperharmonische, aber nicht superharmonische Funktion auf X.

3. Auf einem zusammenhängenden, elliptischen, harmonischen Raum ist die Konstante $+\infty$ die einzige hyperharmonische und nicht superharmonische Funktion. Dies folgt aus 1.5.2. Im Standard-Beispiel (1) ist daher $x \to K_1(x, a)$ für jeden Punkt $a \in \mathbb{R}^n$ superharmonisch.

4. Wird eine hyperharmonische Funktion u durch eine superharmonische Funktion majorisiert, so ist u superharmonisch.

Satz 2.3.1. Für jede Funktion $s \in \mathfrak{X}^*_X$ sind folgende Bedingungen gleichwertig:

(1) s ist superharmonisch;

(2) s ist μ_x^V-integrierbar für alle regulären Mengen V und alle $x \in V$;

(3) s ist nahezu überall endlich.

Beweis. (1) ⇒ (2): Aus $\int s\, d\mu_x^V \leq s(x)$ folgt, daß die Funktion s für die Punkte x einer in der regulären Menge V dichten Teilmenge μ_x^V-integrierbar ist. Nach 1.1.8 ist dann s für alle $x \in V$ μ_x^V-integrierbar.

(2) ⇒ (3): Aus der μ_x^V-Integrierbarkeit von s folgt, daß s μ_x^V-fast überall endlich ist. Für $A = \overset{-1}{s}(+\infty)$ gilt also $\mu_x^V(A) = 0$ für alle regulären Mengen V und alle $x \in V$. Also ist s nahezu überall endlich.

(3) ⇒ (1): $\overset{-1}{s}(+\infty)$ ist vernachlässigbar und somit $\complement \overset{-1}{s}(+\infty)$ dicht in X. |

Korollar 2.3.2. Für jede reguläre Menge V liegt mit s auch die Funktion s_V (aus 2.2.2) in $\mathcal{S}_X$. Die Funktion s_V ist in V harmonisch.

Beweis. Es ist s_V hyperharmonisch und $\leq s$. Die Harmonizität von s_V in V folgt aus 1.1.8. |

Korollar 2.3.3. Mit je zwei Funktionen s und t aus $\mathcal{S}_X$ liegt auch die Funktion $\alpha s + \beta t$ $(\alpha, \beta \in \mathbb{R}_+)$ in $\mathcal{S}_X$ (d.h. $\mathcal{S}_X$ ist ein konvexer Kegel).

Definition. Eine Menge $\mathfrak{G} \subset \mathcal{S}_X$ heißt gesättigt, wenn gilt:

a) $\mathfrak{G}$ ist absteigend filtrierend.

b) Es existiert eine Basis $\mathfrak{W}$ regulärer Mengen mit $s_V \in \mathfrak{G}$ für alle $s \in \mathfrak{G}$ und $V \in \mathfrak{W}$.

Beispiel. Sei $\mathfrak{W}$ eine Basis regulärer Mengen und sei s eine superharmonische Funktion auf X. Für je endlich viele Mengen $V_1, \ldots, V_n \in \mathfrak{W}$ setze man

$$s_{V_1,\ldots,V_n} = (\ldots((s_{V_1})_{V_2})\ldots)_{V_n}.$$

Dann ist die Menge $\mathfrak{G} := \{s_{V_1,\ldots,V_n} : n \in \mathbb{N}, V_1, \ldots, V_n \in \mathfrak{W}\}$ gesättigt.

Beweis. Nur (a) ist nicht evident. Seien $g_1, g_2 \in \mathfrak{G}$, etwa

$g_1 = s_{V_1,\dots,V_n}$, $g_2 = s_{W_1,\dots,W_m}$ mit $V_1,\dots,V_n$, $W_1,\dots,W_m \in \mathfrak{V}$.
Dann liegt $g_3 := s_{V_1,\dots,V_n, W_1,\dots,W_m}$ in $\mathfrak{S}$, und es gilt
$g_3 \leq \inf(g_1, g_2)$. |

Satz 2.3.4. Sei g die untere Einhüllende einer nicht-leeren, gesättigten Menge $\mathfrak{S} \subset \mathscr{S}_X$. Gilt dann $g(x) > -\infty$ auf einer in X dichten Menge, so ist g harmonisch auf X.

Beweis. Für jede Menge V der nach Teil b) der Definition existierenden Basis $\mathfrak{V}$ regulärer Mengen gilt offenbar $g = \inf_{s \in \mathfrak{S}} s_V$. Mit $\mathfrak{S}$ ist ferner auch die Menge $\{s_V : s \in \mathfrak{S}\}$ absteigend filtrierend. Nach dem Konvergenzaxiom und 2.3.2 ist daher g in jedem $V \in \mathfrak{V}$ harmonisch, also harmonisch auf X. |

Korollar 2.3.5. Für jede Funktion $s \in \mathscr{S}_X$ und jede Menge $E \subset X$ ist die Gefegte $\hat{R}_s^E$ superharmonisch auf X und harmonisch in $\complement \bar{E}$. Ferner gilt $\hat{R}_s^E(x) = R_s^E(x)$ für alle $x \in \complement \bar{E}$.

Beweis. $\hat{R}_s^E$ ist hyperharmonisch und $\leq s$, also superharmonisch. Setzt man $\mathfrak{S} = \{t \in \mathscr{S}_X : 0 \leq t \leq s,\ t(x) = s(x) \text{ auf } E\}$, so ist $\mathfrak{S}$ absteigend filtrierend, nämlich sogar inf-stabil. Für jede in $\complement \bar{E}$ reguläre Menge V liegt ferner mit $t \in \mathfrak{S}$ auch t_V in $\mathfrak{S}$. Also ist Rest $_{\complement \bar{E}}\, \mathfrak{S}$ eine gesättigte Teilmenge von $\mathscr{S}_{\complement \bar{E}}$ und somit $R_s^E = \inf \mathfrak{S}$ harmonisch in $\complement \bar{E}$. Aus der Stetigkeit harmonischer Funktionen folgt schließlich noch $\hat{R}_s^E(x) = R_s^E(x)$ für alle $x \in \complement \bar{E}$. |

Korollar 2.3.6. Sei $\mathfrak{T}$ eine nicht-leere Menge hypoharmonischer Funktionen auf X, welche mindestens eine subharmonische Funktion enthält und eine superharmonische Majorante besitzt. Dann existiert unter allen hyperharmonischen Majoranten von $\mathfrak{T}$ eine kleinste.

Diese ist auf X harmonisch.

Beweis. Bezeichnet $\mathfrak{M}$ bzw. $\mathfrak{M}_o$ die Menge aller hyperharmonischen bzw. superharmonischen Majoranten von $\mathfrak{T}$, so ist offenbar $\inf \mathfrak{M} = \inf \mathfrak{M}_o$. Da $\mathfrak{T}$ ein subharmonisches Element enthält, ist $\inf \mathfrak{M}_o > -\infty$ auf einer in X dichten Menge. Die Harmonizität von $\inf \mathfrak{M}_o$ folgt dann aus 2.3.4. In der Tat: $\mathfrak{M}_o$ ist inf-stabil, also absteigend filtrierend. Für $s \in \mathfrak{M}_o$ und $t \in \mathfrak{T}$ sowie für jede reguläre Menge V gilt: $t(x) \leq \int t\, d\mu_x^V \leq \int s\, d\mu_x^V = s_V(x)$ auf V. Also ist $t \leq s_V$ und somit auch s_V ein Element von $\mathfrak{M}_o$. |

Insbesondere besitzt also jede nicht-leere Menge $\mathfrak{T}$ subharmonischer Funktionen mit mindestens einer superharmonischen Majorante eine kleinste superharmonische Majorante, und diese ist harmonisch.

§ 4. Potentiale

Sei nun s eine superharmonische Funktion ≥ 0 auf X. Die konstante Funktion 0 ist eine (sub)harmonische Minorante. Folglich existiert unter allen subharmonischen Minoranten von s eine größte. Diese ist harmonisch.

Definition. Sei $s \in {}_+\mathcal{S}_X$. Die Funktion s heißt ein Potential, wenn die größte subharmonische Minorante von s gleich 0 ist.

Da die größte subharmonische Minorante von $s \in {}_+\mathcal{S}_X$ eine harmonische Funktion h mit $0 \leq h \leq s$ ist, so ist hiermit äquivalent die Forderung:

$$0 \leq h \leq s, \quad h \in \mathcal{H}_X \quad \Rightarrow \quad h = 0.$$

Beispiele. 1) Existiert ein $h_0 \in \mathcal{H}_X$ mit $\inf h_0(X) > 0$, so ist jede im Unendlichen verschwindende, superharmonische Funktion $s \geq 0$ ein Potential. Sei nämlich h eine harmonische Funktion mit $0 \leq h \leq s$. Dann verschwindet auch h im Unendlichen, also gilt $\liminf_{x \to \omega} h(x) = \liminf_{x \to \omega} (-h(x)) = 0$ für den idealen Punkt ω der Alexandroffschen Kompaktifizierung. Nach dem Randminimum-Prinzip 1.3.6 ist dann $h \geq 0$ und $-h \geq 0$, also $h = 0$.

2) Im Standard-Beispiel (1) verschwindet für Dimensionen $n \geq 3$ die Funktion $x \to K_1(x, a)$ für jedes $a \in \mathbb{R}^n$ im Unendlichen. Also handelt es sich um ein Potential.

3) Im Standard-Beispiel (2) ist $x \to K_2(x, a)$ für jedes $a \in \mathbb{R}^{n+1}$ und jede Dimension $n \geq 1$ ein Potential. Es genügt, den Fall $a = 0$, also die Funktion $k_2(x) = K_2(x, 0)$ zu betrachten. Sei h eine harmonische Funktion mit $0 \leq h \leq k_2$. Dann ist $k_2(q) = h(q) = 0$ für alle $q \in \mathbb{R}^{n+1}$ mit $q_{n+1} \leq 0$. Also ist $h(q) = 0$ zu zeigen für jeden Punkt q mit $q_{n+1} > 0$. Sei hierzu $\tau > 0$ so groß gewählt, daß q im (n+1)-dimensionalen Quader $Q_\tau =]-\tau, \tau[^n \times]0, \tau[$ liegt. Nach 1.3.5 gilt dann die Abschätzung

$$h(q) \leq \sup h(Q_\tau^*) \leq \sup k_2(Q_\tau^*).$$

Es ist aber

$$\sup k_2(Q_\tau^*) = \max(\tau^{-n/2}, \gamma \tau^{-n})$$

für alle $\tau > 0$. Dabei ist noch

$$\gamma = (2n)^{n/2} e^{-\frac{n}{2}}.$$

Also folgt $h(q) = 0$.

Die zuletzt genannte Abschätzung errechnet sich so: Für jeden Punkt $z \in Q_\tau^*$ ist entweder $z_{n+1} = 0$ oder $z_{n+1} = \tau$ oder

$z_1^2 + \dots + z_n^2 \geq \tau^2$. Im ersten Fall ist $k_2(z) = 0$, im zweiten $k_2(z) \leq \tau^{-n/2}$ und im dritten

$$k_2(z) \leq \gamma \, (z_1^2 + \dots + z_n^2)^{-n/2} \leq \gamma \, \tau^{-n}.$$

Für jedes $\xi \in \mathbb{R}$ mit $\xi \neq 0$ ist nämlich $t_0 = \frac{\xi^2}{2n}$ die einzige Maximalstelle der Funktion $t \to (t)^{-n/2} \, e^{-\xi^2/4t}$ auf $]0,+\infty[$. Ferner verschwindet diese Funktion im Unendlichen.

In Analogie zum Rieszschen Zerlegungssatz der Klassischen Potentialtheorie gilt:

Satz 2.4.1. Jede Funktion $s \in {}_+\mathcal{S}_X$ ist auf genau eine Weise als Summe eines Potentials p und einer harmonischen Funktion h darstellbar: $s = p + h$. Dabei ist h die größte subharmonische Minorante von p.

Beweis. Zunächst zeigen wir die Eindeutigkeit einer solchen Darstellung. Seien also p, p' Potentiale und h, h' harmonische Funktionen auf X mit $p + h = p' + h'$. Dann folgt $p \geq h' - h$ und $p' \geq h - h'$. Da p und p' Potentiale sind, ergibt dies weiter $h' - h \leq 0$ und $h - h' \leq 0$, also $h = h'$, also auch $p = p'$.

Zu $s \in {}_+\mathcal{S}_X$ sei nun h die größte subharmonische Minorante. Dann ist $s = p + h$ mit $p := s - h$ die gesuchte Zerlegung. Sei nämlich t eine subharmonische Minorante von p. Dann ist $t + h$ eine subharmonische Minorante von s und somit $t + h \leq h$, also $t \leq 0$. Folglich ist p ein Potential. |

p bzw. h heiße fortan der Potentialteil bzw. der harmonische Teil von s.

Korollar 2.4.2. Eine Funktion $p \in {}_+\mathcal{S}_X$ ist genau dann ein Potential, wenn für jede auf X hyperharmonische Funktion u gilt:

$$u + p \geq 0 \quad \Rightarrow \quad u \geq 0.$$

Beweis. Sei p ein Potential. Dann folgt $-u \leq p$ aus $u + p \geq 0$ und hieraus $-u \leq 0$, da die größte hypoharmonische Minorante von p Null ist. Sei nun umgekehrt die Bedingung erfüllt. Dann gilt $p - h \geq 0$ für den harmonischen Teil h von p, woraus $-h \geq 0$ und damit $h = 0$ folgt. Also ist p ein Potential. |

Korollar 2.4.3. Sei u eine in einer Menge $U \in \mathfrak{U}$ hyperharmonische Funktion mit folgenden zwei Eigenschaften:

1. $\liminf_{x \to z} u(x) \geq 0$ für alle $z \in U^*$.
2. Es existiert ein Potential p auf X mit $u(x) + p(x) \geq 0$ auf U.

Dann ist $u \geq 0$.

Beweis. Nach 1.3.10 ist die Funktion

$$w(x) = \begin{cases} \inf(u(x), 0) & , \quad x \in U \\ 0 & , \quad x \in \complement U \end{cases}$$

auf X hyperharmonisch. Für sie gilt $w + p \geq 0$. Nach 2.4.2 ist dann aber $w \geq 0$, also $u(x) \geq 0$ für alle $x \in U$. |

Satz 2.4.4. Der harmonische Teil h einer Funktion $s \in {}_{+}\mathcal{S}_X$ läßt sich wie folgt berechnen. Für jede isotone Folge (E_n) relativ-kompakter Teilmengen von X mit $\bigcup_{n=1}^{\infty} \overset{\circ}{E}_n = X$ gilt:

$$h = \lim_{n \to \infty} R_s^{\complement E_n} = \inf_{n \in \mathbb{N}} R_s^{\complement E_n}.$$

Beweis. Die Folge $(R_s^{\complement E_n})$ ist antiton. Gemäß 2.3.5 ist die Funktion $R_s^{\complement E_n}$ harmonisch in $\overset{\circ}{E}_n$. Folglich existiert $h_o := \lim_{n \to \infty} R_s^{\complement E_n} = \inf R_s^{\complement E_n}$; h_o ist auf X harmonisch und $\leq s$. Also folgt $h_o \leq h$. Zu zeigen ist somit noch die Gültigkeit von $R_s^{\complement E_n} \geq h$ für alle n. Man wähle zu E_n eine Menge $U \in \mathfrak{U}_c$ mit $E_n \subset U$. Dann genügt es, die Ungleichung $R_s^{\complement U} \geq h$ zu beweisen. Nun ist aber $R_s^{\complement U}$ die untere

Einhüllende aller v $\in {}_{+}\mathcal{H}^*_X$ mit $v(x) \geq s(x)$ auf $\complement U$. Für jedes derartige v gilt somit $v(x) - h(x) \geq 0$ auf $\complement U$, also insbesondere auf U^*. Dann aber folgt das Bestehen dieser Ungleichung auf ganz X nach dem Randminimum-Prinzip 1.3.7. Aus $v \geq h$ für alle derartigen v ergibt sich schließlich $R_s^{\complement U} \geq h$. |

Korollar 2.4.5. Eine Funktion $s \in {}_{+}\mathcal{S}_X$ ist genau dann ein Potential, wenn für eine (und dann für jede) Folge (E_n) der beschriebenen Art

$$\lim_{n\to\infty} R_s^{\complement E_n} = 0$$

gilt.

Korollar 2.4.6. Stimmen zwei Funktionen $s_1, s_2 \in {}_{+}\mathcal{S}_X$ im Komplement einer kompakten Menge überein, so besitzen sie gleiche Potentialteile und gleiche harmonische Teile.

Beweis. Sei K kompakt und $s_1(x) = s_2(x)$ für alle $x \in \complement K$. Wähle eine Folge (E_n) der in 2.4.4 beschriebenen Art. Dann gilt $K \subset E_n$ und somit $R_{s_1}^{\complement E_n} = R_{s_2}^{\complement E_n}$ für schließlich alle n. Die Behauptung folgt daher aus 2.4.4. |

Schließlich zeigen wir noch:

Satz 2.4.7. Die Menge $\mathcal{P} = \mathcal{P}_X$ aller Potentiale auf X ist ein konvexer Kegel, d.h. es gilt $\alpha\mathcal{P} + \beta\mathcal{P} \subset \mathcal{P}$ für beliebige $\alpha, \beta \in \mathbb{R}_+$.

Beweis. Zu zeigen ist nur, daß mit p_1 und p_2 auch $p_1 + p_2$ einPotential ist. Nach 2.3.3 ist $p_1 + p_2$ eine superharmonische Funktion. Für jedes $u \in \mathcal{H}^*_X$ mit $u + p_1 + p_2 \geq 0$ gilt $u + p_1 \geq 0$, da p_2 ein Potential ist. Dann aber folgt $u \geq 0$, da p_1 ein Potential ist. Somit folgt die Behauptung aus 2.4.2. |

§ 5. Streng harmonische Räume

Existiert auf einem harmonischen Raum X nur das triviale Potential p = 0, wie dies etwa für das Standard-Beispiel (1) für die Dimension n = 1 und 2 der Fall ist (vgl. die nachfolgende Diskussion der Standard-Beispiele), so wird die Theorie auf dem Raum X weitgehend uninteressant. Dies zeigt der folgende

Satz 2.5.1. Auf einem zusammenhängenden, harmonischen Raum X sei p = 0 das einzige Potential. Existiert dann eine strikt positive, harmonische Funktion h_o auf X, so ist

$$_+\mathcal{S}_X = {}_+\mathcal{H}_X = \{\lambda h_o : \lambda \in \mathbb{R}_+\}.$$

Beweis. Ist p = 0 das einzige Potential, so liefert der Zerlegungssatz 2.4.1 die Gleichheit $_+\mathcal{S}_X = {}_+\mathcal{H}_X$. Die Existenz von h_o hat zunächst zur Folge, daß $\emptyset$ und X die einzigen Absorptionsmengen sind. Für jede Absorptionsmenge A ist nämlich

$$u(x) = \begin{cases} 0 & , x \in A \\ h_o(x) & , x \in \complement A \end{cases}$$

nicht-negativ und superharmonisch, also harmonisch und damit stetig. Zu jedem $x \in A$ gibt es daher eine Umgebung U derart, daß $u(y) < h_o(y)$ für alle $y \in U$, also $u(y) = 0$ in U gilt. Mit $x \in A$ gilt daher auch noch $U \subset A$. Somit ist A offen und abgeschlossen. Da X zusammenhängend ist, folgt $A = \emptyset$ oder $A = X$.

Es folgt nun, daß für jede Funktion $h \in {}_+\mathcal{H}_X$ entweder $h \leq h_o$ oder $h \geq h_o$ gilt. Die Funktion $\inf(h, h_o)$ liegt nämlich in $_+\mathcal{S}_X$, also in $_+\mathcal{H}_X$. Eine der beiden in $_+\mathcal{H}_X$ gelegenen Funktionen $h - \inf(h, h_o)$, $h_o - \inf(h, h_o)$ besitzt eine Nullstelle. Da es nun die trivialen Absorptionsmengen gibt, muß die betreffende Funktion nach 1.4.1 identisch Null sein. Also gilt entweder $h \leq h_o$ oder $h_o \leq h$. Zu gegebenem $x \in X$ gibt es nun ein $\lambda \in \mathbb{R}_+$ mit $h(x) = \lambda h_o(x)$; ferner gilt entweder $h \leq \lambda h_o$ oder $\lambda h_o \leq h$. Ist etwa $h \leq \lambda h_o$, so ist die Absorptionsmenge aller $y \in X$ mit $\lambda h_o(y) - h(y) = 0$ nicht-leer, also gleich X. Mithin ist $h = \lambda h_o$. Im Falle $\lambda h_o \leq h$ kommt man zum gleichen Ergebnis. |

Korollar 2.5.2. Auf einem zusammenhängenden, elliptischen, harmonischen Raum X sei $p = 0$ das einzige Potential. Dann sind je zwei Funktionen aus ${}_+\mathcal{H}_X$ proportional.

Beweis. Entweder ist ${}_+\mathcal{H}_X = \{0\}$ oder es existiert gemäß 1.5.4 eine strikt positive, harmonische Funktion auf X. Dann aber greift 2.5.1 ein. |

Derartige Feststellungen führen dazu, die Existenz nicht trivialer Potentiale zu fordern.

Definition. Ein harmonischer Raum X heiße streng harmonisch, wenn er der folgenden Bedingung genügt:

(P_o) Zu jedem Punkt $x \in X$ existiert ein Potential p auf X mit $p(x) > 0$.

Standard-Beispiele. 1. Aus den Beispielen 2 und 3 des § 4 folgt, daß im Standard-Beispiel (1) für Dimensionen $n \geq 3$ und im Standard-Beispiel (2) für jede Dimension $n \geq 1$ ein streng harmonischer Raum vorliegt.

2. Im Standard-Beispiel (1) ist für $n = 1$ dagegen (P_o) nicht erfüllt. Vielmehr ist $p = 0$ das einzige Potential auf $\mathbb{R}$. Sei nämlich p ein Potential, d.h. eine nach unten halbstetige, konkave (und daher sogar stetige) Funktion $p: \mathbb{R} \to [0, +\infty]$, deren größte affin-lineare

Minorante 0 ist. Aus letzterem folgt zunächst $\inf p(\mathbb{R}) = 0$. Die Annahme $p(x_0) > 0$ für ein $x_0 \in \mathbb{R}$ führt wie folgt zum Widerspruch. Wegen $\inf p(\mathbb{R}) = 0$ gibt es ein $x_1 \in \mathbb{R}$ mit $p(x_1) < p(x_0)$. Sei ℓ diejenige affin-lineare Funktion, welche den Bedingungen $\ell(x_0) = p(x_0)$ und $\ell(x_1) = p(x_1)$ genügt. Da p konkav ist und stetig, gilt $\ell(x) \geqq p(x)$ für alle nicht zwischen x_0 und x_1 gelegenen x. Wegen $\ell(x_0) \neq \ell(x_1)$ nimmt dort aber ℓ und damit auch p negative Werte an, während aber $p \geqq 0$ vorausgesetzt ist.

3. Auch für die Dimension n = 2 ist im Standard-Beispiel (1) $p = 0$ das einzige Potential auf $\mathbb{R}^2 = \mathbb{C}$. Dies kann man etwa wie folgt einsehen: Es bezeichne Ω_r die offene Kreisscheibe aller $z \in \mathbb{C}$ mit $|z| < r$. Für ein Potential p setze man $\alpha := \inf p(\Omega_1)$. Für $r > 1$ ist die Funktion

$$h_r(z) = \alpha \frac{\log r - \log |z|}{\log r}$$

harmonisch im Kreisring $\Delta_r := \Omega_r \setminus \overline{\Omega}_1$ und stetig in $\overline{\Delta}_r$. Auf Ω_1^* ist $h(z) = \alpha$ und auf Ω_r^* ist $h(z) = 0$. Aus dem Randminimum-Prinzip folgt daher $h_r(z) \leqq p(z)$ für alle $z \in \Delta_r$. Für $r \to +\infty$ erhält man hieraus $p(z) \geqq \alpha$ für alle $z \in \mathbb{C}$ mit $|z| > 1$. Folglich ist $\alpha = \inf p(\mathbb{C})$; außerdem wird α als Wert von p in $\overline{\Omega}_1$ angenommen. Da die Konstanten harmonisch sind und der Raum elliptisch ist, folgt dann $p(z) = \alpha$ für alle $z \in \mathbb{C}$. Da p ein Potential ist, muß dann noch $\alpha = 0$ sein.

Obige Definition eines streng harmonischen Raumes hat z. B. den Nachteil, daß nicht unmittelbar ersichtlich ist, ob jeder nicht-leere, offene Teilraum U von X ebenfalls streng harmonisch ist. Diese Frage wird aber sofort durch den nachfolgenden Satz entscheidbar.

Satz 2.5.3. Für jeden harmonischen Raum X ist (P_o) mit jeder der folgenden Bedingungen äquivalent:

(P_1) $\mathcal{P}$ ist verschränkt punktetrennend.

(P_2) $_+\mathcal{S}_X$ ist verschränkt punktetrennend.

(P_3) Zu jeder regulären Menge V und zu jedem Punkt $x \in V$ existiert ein $s \in {}_+\mathcal{S}_X$ mit $\int s \, d\mu_x^V < s(x)$.

(P_4) Zu jeder regulären Menge V und zu jedem Punkt $x \in V$ existiert ein Potential p mit $\int p \, d\mu_x^V < p(x)$.

Beweis. $(P_o) \Rightarrow (P_1)$: Seien x und y verschiedene Punkte aus X. Dann existieren Potentiale $p_1, p_2 \in \mathcal{P}$ mit $p_1(x) > 0$ und $p_2(y) > 0$. Also ist $p: = p_1 + p_2$ ein Potential mit $p(x) > 0$ und $p(y) > 0$. Es kann sogar

$$0 < p(x) < +\infty \quad \text{und} \quad 0 < p(y) < +\infty$$

angenommen werden. Bezeichnet nämlich $\mathfrak{V}(x)$ bzw. $\mathfrak{V}(y)$ das System aller regulären Umgebungen von x bzw. y, so gilt nach 2.1.1

$$p(x) = \sup_{V \in \mathfrak{V}(x)} p_V(x) \quad , \quad p(y) = \sup_{V \in \mathfrak{V}(y)} p_V(y) .$$

Also gibt es fremde Mengen $V \in \mathfrak{V}(x)$ und $W \in \mathfrak{V}(y)$ mit $p_V(x) > 0$ und $p_W(y) > 0$. Nach 2.3.2 ist dann $p_{V,W}$ ein Potential, welches in x und y positive, reelle Werte annimmt (und sogar in $V \cup W$ harmonisch ist). Sei also jetzt p ein Potential mit $0 < p(x) < +\infty$ und $0 < p(y) < +\infty$.

Es bezeichne nunmehr $\mathfrak{V}$ das System aller regulären Mengen V, welche wenigstens einen der beiden Punkte x und y nicht enthalten. Offenbar ist $\mathfrak{V}$ eine Basis von X. Nach dem Beispiel des § 3 ist die Menge

$$\mathcal{G} = \{p_{V_1, \ldots, V_n} : n \in \mathbb{N}, V_1, \ldots, V_n \in \mathfrak{V}\}$$

gesättigt, also inf $\mathcal{S}$ nach 2.3.4 eine harmonische Funktion auf X mit $0 \leq \inf \mathcal{S} \leq p$. Da p ein Potential ist, gilt somit $\inf \mathcal{S} = 0$. Folglich existieren endlich viele $V_1, \ldots, V_n \in \mathfrak{V}$ derart, daß $p_{V_1, \ldots, V_n}(x) < p(x)$. Wir wählen die natürliche Zahl n minimal hinsichtlich dieser Eigenschaft. Dann aber liegt x in V_n. Aus $x \notin V_n$ würde nämlich $p(x) = p_{V_1}(x)$ im Falle $n = 1$ und $p_{V_1, \ldots, V_{n-1}}(x) = p_{V_1, \ldots, V_n}(x)$ im Falle $n \geq 2$, also allemal ein Widerspruch zur Wahl von n folgen. Entweder gilt nun $p_{V_1, \ldots, V_n}(y) = p(y)$, so daß p und $p_{V_1, \ldots, V_n}$ die Punkte x, y verschränkt trennen. Oder es ist $p_{V_1, \ldots, V_n}(y) < p(y)$. In diesem Falle beachte man, daß x in V_n, also (nach der Wahl von $\mathfrak{V}$) der Punkt y nicht in V_n liegt. Somit folgt $p_{V_1, \ldots, V_{n-1}}(y) = p_{V_1, \ldots, V_n}(y) < p(y)$ und $p_{V_1, \ldots, V_{n-1}}(x) = p(x)$. Also werden x und y durch p und $p_{V_1, \ldots, V_{n-1}}$ verschränkt getrennt.

$(P_1) \Rightarrow (P_2)$: Dies ist trivial.

$(P_2) \Rightarrow (P_3)$: Sei V eine reguläre Menge und x ein Punkt aus V. Sei y ein Punkt aus dem Träger $T\mu_x^V$, der, wie im Beweis von 2.1.6 gezeigt wurde, nicht leer ist. Nach Voraussetzung gibt es Funktionen $s, t \in {}_+\mathcal{S}_X$ mit $s(x)t(y) \neq s(y)t(x)$. Die Wiederholung einer am Beginn des Beweises gemachten, 2.1.1 heranziehenden Überlegung zeigt, daß man $s(x) < +\infty$ und $t(x) < +\infty$ voraussetzen kann. Aus der verschränkten Trennung folgt $s(x) > 0$ und $t(x) > 0$. Wäre nämlich $s(x) = 0$, so würde wegen $y \in T\mu_x^V$ und $\int s \, d\mu_x^V \leq s(x)$ auch $s(y) = 0$ folgen, was die verschränkte Trennung aufheben würde. Analog ergibt sich $t(x) > 0$. Nach Multiplikation von s mit einer geeigneten reellen Zahl > 0 kann man dann erreichen, daß sogar

$s(x) = t(x)$ und etwa $s(y) < t(y)$ ist.

Nunmehr wähle man eine offene Umgebung U von x derart, daß y nicht in $\overline{U}$ liegt. Setzt man dann

$$s' = R^U_{\inf(s,t)},$$

so ist s' nach 2.2.1 eine Funktion aus $_+\mathcal{S}_X$; ferner gilt $s'(x) = t(x)$ und $s'(y) \leq \inf(s(y), t(y)) < t(y)$. Schließlich ist s' gemäß 2.3.5 in einer Umgebung von y, nämlich in $\complement\overline{U}$ harmonisch, insbesondere also stetig. Somit gilt $s'(z) < t(z)$ für die Punkte z einer Umgebung von y. Wegen $y \in T\mu_x^V$ gilt daher $\int s' d\mu_x^V < \int t\, d\mu_x^V \leq t(x) = s'(x)$.

$(P_3) \Rightarrow (P_4)$: Sei s eine Funktion aus $_+\mathcal{S}_X$ mit $\int s\, d\mu_x^V < s(x)$. Ist dann p der Potentialteil von s, so ist s-p der harmonische Teil, also $\int (s-p) d\mu_x^V = s(x) - p(x)$. Man erhält daher $\int p\, d\mu_x^V < p(x)$.

$(P_4) \Rightarrow (P_0)$: Dies ist evident. |

Bemerkung. Der Satz zeigt insbesondere, daß man die Definition eines harmonischen Raumes nur wie folgt abzuändern hat, um die Definition eines streng harmonischen Raumes zu erhalten: Man ersetze im Trennungsaxiom IV die Menge $\mathcal{H}^*_X$ durch $_+\mathcal{S}_X$.

Dies hat auch praktische Bedeutung. Hat man im Standard-Beispiel (1) gezeigt, daß die Funktionen $x \to K_1(x, a)$ für beliebiges $a \in \mathbb{R}^n$ superharmonisch sind, so ist klar, daß für $n \geq 3$ ein streng harmonischer Raum vorliegt. Für je zwei Punkte $x \neq y$ aus $\mathbb{R}^n$ ist nämlich $K_1(x,y) < K_1(y,y) = +\infty$. Ferner ist die Konstante 1 harmonisch.

Beim Standard-Beispiel (2) ist ebenfalls die Konstante 1 harmonisch. Dort ist bereits $_+\mathcal{H}_X$ punktetrennend, wie in I, § 2 gezeigt wurde.

Korollar 2.5.4. Jeder nicht-leere, offene Unterraum U eines streng harmonischen Raumes X ist selbst ein streng harmonischer Raum.

Beweis. Dies folgt aus (P_2). |

Korollar 2.5.5. Jeder nicht-leere, relativ-kompakte, offene Unterraum U eines harmonischen Raumes X ist ein streng harmonischer Raum.

Beweis. Wir weisen (P_2) in U (bez. $Rest_U \mathcal{K}$) nach. Zunächst existiert ein $U_o \in \mathfrak{U}_c$ mit $\overline{U} \subset U_o$ und nach IV eine in U_o strikt positive, harmonische Funktion h. Zu Punkten $x \neq y$ aus U existieren ferner Funktionen $u, v \in \mathcal{K}^*_{U_o}$ (sogar aus $\mathcal{K}^*_X$) mit $u(x)v(y) \neq u(y)v(x)$. Beide Funktionen können reellwertig, insbesondere also superharmonisch angenommen werden. Notfalls ersetze man u durch $\inf(u, \lambda h)$ und v durch $\inf(v, \lambda h)$ mit hinreichend großem $\lambda > 0$. Da U in U_o relativ-kompakt ist, existiert ein $\alpha > 0$ mit

$$-\alpha \leq \inf_{z \in U} \frac{u(z)}{h(z)} \quad , \quad -\alpha \leq \inf_{z \in U} \frac{v(z)}{h(z)} \quad .$$

Dann aber sind $s = Rest_U\,(u+\alpha h)$ und $t = Rest_U(v+\alpha h)$ Funktionen aus $_+\mathcal{S}_U$. Wegen $u(x)\,v(y) - v(x)\,u(y) \neq 0$ hat die Matrix

$$\begin{pmatrix} s(x) & t(x) & h(x) \\ s(y) & t(y) & h(y) \end{pmatrix}$$

den Rang 2. Also trennen zwei der Funktionen s, t, h die Punkte x, y verschränkt. |

Die Aussagen (P_o) - (P_4) über einen streng harmonischen Raum lassen sich noch verschärfen. Wir zeigen hierzu zunächst:

Lemma 2.5.6. Sei $f \geq 0$ eine nach unten halbstetige, numerische

Funktion auf einem streng harmonischen Raum X. Wird dann f von einer superharmonischen Funktion auf X majorisiert, so gilt für $R_f := R_f^X$ und $\hat{R}_f := \hat{R}_f^X$ folgendes:

(a) $R_f = \hat{R}_f$;

(b) Ist f in einem Punkt $x \in X$ stetig, so ist R_f stetig in x. Gilt außerdem noch $f(x) < R_f(x)$, so ist R_f in einer Umgebung von x harmonisch.

Beweis. Zu (a): Aus $f \leq R_f$ folgt $f \leq \hat{R}_f$, da f nach unten halbstetig ist. Somit ist $\hat{R}_f$ eine hyperharmonische Majorante von f, also folgt: $R_f \leq \hat{R}_f$. Dann aber gilt $\hat{R}_f = R_f$ nach § 2.

Zu (b): Zunächst sei x ein beliebiger Punkt in X. Ist $f(x) = +\infty$, so folgt $R_f(x) = +\infty$. Also ist die nach unten halbstetige Funktion R_f in x stetig. Sei jetzt $f(x) < +\infty$ und sei p ein Potential mit $0 < p(x) < +\infty$ (vgl. den Beginn des Beweises von 2.5.3). Weil f von einer Funktion aus ${}_+\mathcal{S}_X$ majorisiert wird, gilt dann:

$$\begin{aligned} R_f(x) &= \inf\{s(x) : s \in {}_+\mathcal{S}_X, \ s \geq f\} \\ &= \inf\{s(x) + \lambda p(x) : s \in {}_+\mathcal{S}_X, \ s \geq f, \ \lambda > 0\} \\ &= \inf\{t(x) : t \in {}_+\mathcal{S}_X, \ t \geq f, \ t(x) > f(x)\} \\ &= \inf\{t(x) : t \in \mathcal{T}\}. \end{aligned}$$

Dabei bezeichnet $\mathcal{T}$ die Menge aller $t \in {}_+\mathcal{S}_X$ mit $t \geq f$ und $t(x) > f(x)$. Zu jedem $t \in \mathcal{T}$ existiert wegen Axiom IV eine in einer Umgebung U von x definierte, harmonische Funktion h mit $f(x) < h(x) < t(x)$. Ist nun x Stetigkeitsstelle von f, so existiert eine in U reguläre Umgebung V von x mit

$$f(z) < h(z) < t(z) \qquad \text{für alle } z \in \bar{V}.$$

Hieraus folgt wegen der Halbstetigkeit von t - h nach unten auf V^*:

$$h(y) = \int h \, d\mu_y^V < \int t \, d\mu_y^V \leq t_V(y) \qquad \text{für alle } y \in V.$$

Also liegt mit t auch t_V in $\mathcal{T}$, sofern V eine hinreichend kleine (von t abhängige) reguläre Umgebung von x ist. Insbesondere ist $R_f \leq t_V$, woraus folgt:

$$\limsup_{y \to x} R_f(y) \leq \limsup_{y \to x} t_V(y) = \lim_{y \to x} t_V(y) = t_V(x) \leq t(x).$$

Da dies für alle $t \in \mathcal{T}$ gilt, folgt

$$\limsup_{y \to x} R_f(y) \leq R_f(x),$$

also ist R_f in x auch nach oben halbstetig, also stetig.

Schließlich sei x Stetigkeitsstelle von f und $f(x) < R_f(x)$. Dann ist $R_f \in \mathcal{T}$, und es gibt folglich eine reguläre Umgebung V von x mit $(R_f)_V \in \mathcal{T}$. Hieraus ergibt sich $f \leq (R_f)_V$ und damit $R_f \leq (R_f)_V$, da mit R_f auch $(R_f)_V$ superharmonisch ist. Die duale Ungleichung gilt ebenfalls. Man erhält somit $R_f = (R_f)_V$, d.h. R_f ist in V harmonisch. |

<u>Bemerkung.</u> Bei BOBOC, CONSTANTINESCU und CORNEA [8] wird dies Lemma auf einem beliebigen harmonischen Raum bewiesen.

Korollar 2.5.7. Ist $f \geq 0$ sogar eine stetige reelle Funktion mit kompaktem Träger K, so ist R_f ein stetiges, reelles Potential auf X, welches in $\complement K$ harmonisch ist.

<u>Beweis.</u> Zu jedem $x \in K$ existiert nach (P_0) ein Potential p_x mit $p_x(x) > 0$. Wegen der Halbstetigkeit von p_x nach unten gilt dann sogar $p_x(y) > 0$ für die Punkte y einer Umgebung U_x von x. Da K kompakt ist, gibt es endlich viele Punkte $x_1, \ldots, x_n \in K$ mit $K \subset U_{x_1} \ldots U_{x_n}$.

Dann aber ist $p := p_{x_1} + \ldots + p_{x_n}$ ein Potential auf X mit $p(x) > 0$ für alle $x \in K$. Für dieses ist dann $\inf p(K) > 0$; also gibt es ein reelles $\lambda > 0$ mit $\lambda p \geq f$. Somit ist 2.5.6 anwendbar. R_f ist eine stetige superharmonische Funktion ≥ 0 mit $R_f \leq \lambda p$, also sogar ein Potential. Nach 2.5.6, Teil (b) nimmt R_f nur reelle Werte an. Da ferner $R_f = R_f^K$ gilt, so R_f in $\complement K$ harmonisch. |

Satz 2.5.8. Auf einem streng harmonischen Raum X ist jede Funktion $u \in {}_+\mathcal{H}_X^*$ der Limes einer isotonen Folge (p_n) stetiger, reeller Potentiale, welche im Komplement einer (von n abhängigen) kompakten Menge harmonisch sind.

Beweis. Zu u gibt es eine isotone Folge (f_n) stetiger reeller Funktionen mit kompaktem Träger, für welche $u = \lim_{n\to\infty} f_n$ gilt. Jede Funktion $p_n := R_{f_n}$ ist nach 2.5.7 ein Potential mit den gewünschten Eigenschaften. Mit (f_n) ist auch (p_n) eine isotone Folge. Offenbar gilt $f_n \leq p_n \leq u$ für alle $n = 1, 2, \ldots$. Hieraus folgt $\lim p_n = u$. |

Wendet man dieses Resultat auf die in (P_o), (P_1) und (P_4) auftretenden Potentiale an, so folgt:

Korollar 2.5.9. Alle in (P_o), (P_1) und (P_4) auftretenden Potentiale können so gewählt werden, daß sie stetig und reellwertig und im Komplement einer geeigneten kompakten Menge harmonisch sind.

Korollar 2.5.10. Auf jedem streng harmonischen Raum X existiert eine stetige, reelle, superharmonische Funktion s_o mit $s_o(x) > 0$ für alle $x \in X$.

Beweis. Es gibt eine Folge (K_n) kompakter Mengen mit $K_n \subset \overset{\circ}{K}_{n+1}$ für alle n und $\bigcup_{n=1}^{\infty} K_n = X$. Aus 2.5.9 und der am Beginn des Beweises von 2.5.7 angeführten Schlußweise folgt, daß zu jedem n ein auf K_n strikt positives Potential $p_n \in \mathfrak{P}\mathcal{C}(X)$ existiert. Durch eine geeignete Normierung kann $\sup p_n(K_n) = 1$ erreicht werden. Dann aber ist $s_o := \sum_{n=1}^{\infty} \frac{1}{n^2}\, p_n$ eine strikt positive, superharmonische, reellwertige Funktion auf X. Wegen der gleichmäßigenKonvergenz dieser Reihe auf jedem K_n liegt lokal-gleichmäßige Konvergenz vor. Also gilt $s_o \in \mathcal{C}(X)$. |

§ 6. Brelotsche Räume

Es sei X ein elliptischer, streng harmonischer Raum. Ein solcher liegt im Standard-Beispiel (1) für Dimensionen $n \geq 3$ vor. Nach 1.5.6 genügt das Garbendatum $\mathcal{H}$ dann den Axiomen I, II, III_B und (P_o). Mit X ist auch jede der Zusammenhangskomponenten ein elliptischer, streng harmonischer Raum. Sind umgekehrt die Zusammenhangskomponenten eines harmonischen Raumes X alle elliptische, streng harmonische Räume, so ist X elliptisch und streng harmonisch.

In der in [15] dargestellten Theorie geht BRELOT umgekehrt aus von einem Garbendatum $\mathcal{H}$ numerischer Funktionen auf einem zusammenhängenden, lokal-zusammenhängenden, lokalkompakten Raum X. Über $\mathcal{H}$ werden die Axiome I, II, III_B und (P_o)

vorausgesetzt. Da aus I, II, III_B bereits gefolgert werden kann, daß $A = \emptyset$ und $A = X$ die einzigen Absorptionsmengen sind, besagt (P_0): es existiert ein Potential $p \neq 0$ auf X. Dieses ist dann bereits strikt positiv.

Aus diesen Annahmen von BRELOT folgt nun bereits, daß Axiom IV erfüllt ist. Dies wird in [15] auf denSeiten 94 und 97 gezeigt. Bis auf die Forderung der Existenz einer abzählbaren Basis, welche bei BRELOT wegen des schärferen Konvergenzaxioms eine weniger bedeutsame Rolle spielt als bei uns, ist also X ein harmonischer Raum.

Diese Bemerkungen rechtfertigen die

Definition. Brelotscher Raum heiße jeder zusammenhängende, elliptische, streng harmonische Raum.

Im Standard-Beispiel (1) ist also der $\mathbb{R}^n$ für $n \geq 3$ ein Brelotscher Raum. Allgemein ist mit X auch jedes Gebiet in X ein Brelotscher Raum.

§ 7. Strenge Potentiale und Absorptionsmengen.

In diesem Paragraphen werde X als streng harmonischer Raum vorausgesetzt. Ziel der Betrachtungen ist die Konstruktion strikt positiver Potentiale mit Zusatzeigenschaften. Hierbei wird von der Existenz einer abzählbaren Basis ganz entscheidender Gebrauch gemacht.

Definition. Eine Funktion $s \in \mathcal{H}_X^*$ heiße streng superharmonisch (auf X), wenn für jede reguläre Menge V und jeden Punkt $x \in V$ gilt:

$$\int s \, d\mu_x^V < s(x).$$

Jedes streng superharmonische Potential heiße ein strenges Potential.

Es ergeben sich sofort folgende Eigenschaften:

1. Jede streng superharmonische Funktion ist superharmonisch. Wegen $\int s \, d\mu_x^V < s(x) = +\infty$ ist nämlich s μ_x^V - integrierbar für alle regulären Mengen V und alle $x \in V$. Nach 2.3.1 ist dann s superharmonisch.

2. Ist s streng superharmonisch, so ist s strikt positiv.

3. Die Summe $s + s'$ einer streng superharmonischen Funktion s und einer superharmonischen Funktion s' ist streng superharmonisch.

4. Der Potentialteil einer streng superharmonischen Funktion ≥ 0 ist ein strenges Potential.

Satz 2.7.1. Sei A eine Absorptionsmenge in X und $\mathfrak{P}^A$ die Menge aller Potentiale $p \in \mathcal{C}(X)$ mit $A \subset \overset{-1}{p}(0)$. Ist dann K eine kompakte Teilmenge von $\complement A$, so kann jede Funktion $f \in \mathcal{C}(K)$ gleichmäßig durch Funktionen aus $\mathfrak{P}^A - \mathfrak{P}^A$ auf K approximiert werden.

Beweis. Sei s_o eine gemäß 2.5.10 existierende, strikt positive, superharmonische Funktion aus $\mathcal{C}(X)$. Setzt man

$$\mathfrak{D} = \left\{ \frac{p - q}{s_o} : p, q \in \mathfrak{P}^A \right\},$$

so besitzen $\mathfrak{D}$ und $\mathfrak{P}^A$ folgende Eigenschaften:

(i) $\mathfrak{D}$ ist ein linearer Unterraum von $\mathcal{C}(X)$.

(ii) $d \in \mathfrak{D} \Rightarrow |d| \in \mathfrak{D}$.

(iii) Zu jeder Funktion $s \in \mathcal{S}_X \cap \mathcal{C}_+(X)$ gibt es ein $p \in \mathcal{P}^A$ mit $p(x) = s(x)$ auf K.

(iv) $\mathcal{D}$ ist auf $\complement A$ punktetrennend.

(v) Es existiert ein $d \in \mathcal{D}$ mit $d(x) = 1$ auf K.

Dabei ist die Eigenschaft (i) evident. (ii) folgt aus

$$\left|\frac{p-q}{s_o}\right| = \frac{1}{s_o}\left[p + q - 2\inf(p,q)\right] \qquad (p,q \in \mathcal{P}^A).$$

Da die kompakte Menge K zur abgeschlossenen Menge A fremd, gibt es zu $s \in \mathcal{S}_X \cap \mathcal{C}_+(X)$ eine stetige Funktion $f: X \longrightarrow \mathbb{R}$ mit kompaktem Träger derart, daß $0 \leq f \leq s$, $f(x) = 0$ auf A und $f(x) = s(x)$ für alle $x \in K$ gilt. Nach 2.5.7 ist dann $p := R_f^X$ ein Potential $p \in \mathcal{C}(X)$. Da A Absorptionsmenge ist, so ist mit s auch folgende Funktion s_A superharmonisch:

$$s_A(x) = \begin{cases} 0 & , \quad x \in A \\ s(x) & , \quad x \in \complement A. \end{cases}$$

Aus $0 \leq f \leq s$ und $f(x) = 0$ auf A folgt $f \leq s_A$ und hieraus $p \leq s_A$. Daher liegt p in $\mathcal{P}^A$. Für jeden Punkt $x \in K$ gilt schließlich $s(x) = f(x) \leq p(x) \leq s_A(x) = s(x)$, also $p(x) = s(x)$. Dies aber wird in (iii) behauptet. Sind x und y verschiedene Punkte aus $\complement A$, so gibt es nach 2.5.9 Potentiale $p, q \in \mathcal{C}(X)$, welche x und y verschränkt trennen. Da s_o strikt positiv ist, trennt dann eines der Funktionenpaare p, s_o oder q, s_o die Punkte x, y verschränkt. Sei etwa p, s_o dieses Paar. Wegen (iii) (angewandt auf $K = \{x, y\}$) kann man sogar noch $p \in \mathcal{P}^A$ voraussetzen. Dann trennt die in $\mathcal{D}$ gelegene Funktion $\frac{p}{s_o}$ die Punkte x, y. Das aber ist in (iv) zu zeigen. Schließlich existiert nach (iii) ein $p_o \in \mathfrak{P}^A$ mit $p_o(x) = s_o(x)$ für alle $x \in K$. Dann leistet $d := \frac{p_o}{s_o}$ das in (v) Verlangte.

Die genannten Eigenschaften zeigen, daß $\mathrm{Rest}_K \mathfrak{D}$ den Voraussetzungen des Approximationssatzes von M. H. Stone genügen. Also kann jedes $f \in \mathfrak{C}(K)$ gleichmäßig durch Funktionen aus $\mathrm{Rest}_K \mathfrak{D}$ approximiert werden. Wegen $\sup s_o(K) < +\infty$ folgt hieraus die Behauptung. |

Satz 2.7.2. Zu jeder Absorptionsmenge A existiert ein stetiges, reelles Potential p aufX mit $A = \overset{-1}{p}(0)$, für welches $\mathrm{Rest}_{\complement A}\, p$ ein strenges Potential auf $\complement A$ ist.

Beweis. Sei $\mathfrak{C}^A = \{ f \in \mathfrak{C}(X) : A \subset \overset{-1}{f}(0) \}$ und sei $\mathfrak{P}^A$ wie im vorausgehenden Satz definiert. Hiernach liegt $\mathfrak{P}^A - \mathfrak{P}^A$ dicht in $\mathfrak{C}^A$ bezüglich der Topologie τ^A der gleichmäßigen Konvergenz auf kompakten Teilmengen von $\complement A$. Der Raum $\complement A$ ist lokal-kompakt und besitzt eine abzählbare Basis. Folglich existiert eine Folge (p_n) in $\mathfrak{P}^A$, welche total in $\mathfrak{C}^A$ bezüglich τ^A ist.

Sei nun (K_n) eine Folge kompakter Teilmengen von X mit $K_n \subset \overset{o}{K}_{n+1}$ für alle n und $\bigcup_{n=1}^{\infty} K_n = X$. Dann kann p_n so normiert werden, daß

$$\sup p_n(K_n) \leq 1 \qquad (n=1,2,\dots)$$

ist. Folglich ist die Reihe $\sum_{n=1}^{\infty} \frac{1}{n^2} p_n$ lokal-gleichmäßig konvergent gegen eine superharmonische Funktion $s \in \mathfrak{C}_+(X)$. Diese ist in $\complement A$ streng superharmonisch. In der Tat: Aus der Annahme, daß $\int s \, d\mu_x^V = s(x)$ für eine in $\complement A$ reguläre Menge V und ein $x \in V$ gilt, folgt $\int p_n \, d\mu_x^V = p_n(x)$ für alle n. Hieraus folgt offenbar $\int f \, d\mu_x^V = f(x)$

für alle Funktionen $f \in \mathcal{C}(\bar{V})$, da die Folge (p_n) in $\mathcal{C}^A$ total bezüglich τ^A ist. Dies aber würde $\mu_x^V = \varepsilon_x$ bedeuten, was nicht sein kann. Somit ist s in $\complement A$ streng superharmonisch. Der Potentialteil p von s auf X ist dann ebenfalls streng superharmonisch in $\complement A$, also strikt positiv auf $\complement A$. Hieraus und aus $A \subset \overset{-1}{s}(0) \subset \overset{-1}{p}(0)$ folgt $A = \overset{-1}{p}(0)$. Zu zeigen ist somit nur noch, daß $p' := \mathrm{Rest}_{\complement A}\, p$ ein Potential auf $\complement A$ ist.

Hierzu sei h' eine auf $\complement A$ harmonische Funktion mit $0 \leq h' \leq p'$. Setzt man

$$h(x) = \begin{cases} 0 & , x \in A \\ h'(x), & x \in \complement A \end{cases},$$

so ist $0 \leq h \leq p$ und daher h auf X stetig. Ferner ist h harmonisch auf Grund der lokalen Kennzeichnung harmonischer Funktionen. Da p ein Potential ist, folgt dann $h = 0$ und somit $h' = 0$. Also ist p' ein Potential. |

Korollar 2.7.3. Ein harmonischer Raum X ist genau dann streng harmonisch, wenn auf ihm ein strenges Potential existiert.

Beweis. Ist X streng harmonisch, so wende man 2.7.2. auf $A = \emptyset$ an. Man erhält dann ein (sogar in $\mathcal{C}(X)$ gelegenes) strenges Potential auf X. Ist umgekehrt p ein strenges Potential auf einem harmonischen Raum, so ist p strikt positiv, also (P_o) erfüllt. |

Im folgenden bezeichnen wir mit $\mathcal{K}(X)$ bzw. $\mathcal{C}_o(X)$ den Vektorraum aller Funktionen $f \in \mathcal{C}(X)$, welche einen kompakten Träger besitzen bzw. welche im Unendlichen verschwinden.

Satz 2.7.4 (Approximationssatz). Sei $\mathcal{P}^c$ die Menge aller stetigen reellen Potentiale auf X. Dann liegt

$$(\mathcal{P}^c - \mathcal{P}^c) \cap \mathcal{K}(X)$$

dicht in $\mathcal{C}_o(X)$ bezüglich der Topologie de r gleichmäßigen Konvergenz auf X.

<u>Beweis.</u> Sei p_o ein strikt positives Potential aus $\mathcal{P}^c$; ein solches existiert nach 2.7.3. Wir setzen

$$\mathcal{D} := \left\{ \frac{p_1 - p_2}{p_o} \quad : p_1, p_2 \in \mathcal{P}^c,\ p_1 - p_2 \in \mathcal{K}(X) \right\}$$

und behaupten die folgenden Eigenschaften:

(i) $\mathcal{D}$ ist ein linearer Unterraum von $\mathcal{K}(X)$.

(ii) $d \in \mathcal{D} \Rightarrow |d| \in \mathcal{D}$.

(iii) $d \in \mathcal{D} \Rightarrow \inf(1, d) \in \mathcal{D}$.

(iv) Sei K kompakt, U offen und $K \subset U \subset X$. Dann existiert ein $d \in \mathcal{D}$ mit $d(x) > 0$ für alle $x \in K$ und $T\, d \subset U$.

(v) $\mathcal{D}$ ist auf X punktetrennend. Zu jedem $x \in X$ gibt es ein $d \in \mathcal{D}$ mit $d(x) > 0$.

Dabei ist (i) evident, und (ii) ergibt sich wie im Beweis von 2.7.1. Jede Funktion $d \in \mathcal{D}$ ist von der Form $d = \dfrac{p_1 - p_2}{p_o}$ mit den genannten Bedingungen über p_1 und p_2. Die Eigenschaft (iii) folgt daher aus

$$\inf(1, d) = \frac{1}{p_o} \left[\inf(p_o + p_2, p_1) - p_2 \right].$$

Beim Beweis von (iv) gehe man aus von der Bemerkung, daß K von endlich vielen, in U regulären Mengen $V_1, \dots, V_n$ überdeckt wird. Nach 2.7.3. gibt es ein strenges Potential p in $\mathcal{P}^c$. Man setze

$$d := \frac{np - p_{V_1} - \dots - p_{V_n}}{p_o}$$

Dann besitzt d die gewünschten Eigenschaften. Aus (iv) folgt schließlich (v), indem man K einpunktig wählt.

Die Eigenschaften (i) - (iii) und (v) zeigen, daß $\mathfrak{D}$ den Voraussetzungen einer bekannten Variante des Approximationssatzes von M.H. Stone genügt. Folglich liegt $\mathfrak{D}$ dicht in $\mathcal{K}(X)$, also dicht in $\mathcal{C}_o(X)$ bezüglich der Topologie der gleichmäßigen Konvergenz. In der Tat: Zu jedem $f \geq 0$ aus $\mathcal{K}(X)$ und zu jedem $\varepsilon > 0$ existiert sogar ein $d \in \mathfrak{D}$ mit $0 \leq d \leq f \cdot p_o^{-1} \leq d + \varepsilon$, da mit f auch $f p_o^{-1}$ in $\mathcal{K}(X)$ liegt. Hieraus folgt dann

$$0 \leq p_1 - p_2 \leq f \leq p_1 - p_2 + \varepsilon \cdot \sup f(X),$$

wenn $d = \frac{p_1 - p_2}{p_o}$ ist. Da f in $\mathcal{K}(X)$, gilt außerdem $\sup f(X) < +\infty$. |

Korollar 2.7.5. Zu jeder Funktion $g \geq 0$ aus $\mathcal{C}_o(X)$ und zu jedem $\varepsilon > 0$ existiert eine Funktion $q \in (\mathcal{P}^c - \mathcal{P}^c) \cap \mathcal{K}(X)$ mit

$$0 \leq q \leq g \leq q + \varepsilon \quad .$$

Beweis. Zu g gibt es ein $f \in \mathcal{K}(X)$ mit $0 \leq f \leq g \leq f + \varepsilon$. Nach dem Ende des obigen Beweises existiert zu f wiederum ein $q \in (\mathcal{P}^c - \mathcal{P}^c) \cap \mathcal{K}(X)$ mit $0 \leq q \leq f \leq q + \varepsilon$. Dann aber ist $0 \leq q \leq g \leq q + 2\varepsilon$. |

Der Approximationssatz gestattet schließlich noch die Konstruktion strenger Potentiale mit einer Zusatzeigenschaft. Wir nennen hierzu ein Maß $\mu \geq 0$ harmonisch bezüglich eines Punktes $x \in X$, wenn gilt:

(i) $\int u \, d\mu \leq u(x)$ für alle $u \in {}_+\mathcal{H}^*_X$;

(ii) $\int h \, d\mu = h(x)$ für alle $h \in {}_+\mathcal{H}_X$.

Jedes harmonische Maß μ_x^V ist offenbar in diesem Sinne harmonisch bezüglich x.

Satz 2.7.6. Es existiert ein Potential $p \in \mathcal{C}(X)$ auf X derart, daß für jedes bezüglich eines Punktes $x \in X$ harmonische Maß $\mu \geq 0$ mit $\mu \neq \varepsilon_x$ gilt: $\int p\, d\mu < p(x)$. Jedes derartige Potential ist streng.

Beweis. Sei (K_n) eine X überdeckende Folge kompakter Mengen mit $K_n \subset \overset{o}{K}_{n+1}$ $(n=1,2,\ldots)$. Nach dem Approximationssatz gibt es zwei Folgen (p_n) und (p'_n) stetiger reeller Potentiale derart, daß die Folge $(p_n - p'_n)$ in $\mathcal{K}(X)$ dicht liegt bezüglich gleichmäßiger Konvergenz. Insbesondere ist dann die Folge $(p_n - p'_n)$ total in $\mathcal{K}(X)$. Diese Eigenschaft geht nicht verloren, wenn man p_n und p'_n so durch Multiplikation mit ein und derselben positiven Zahl normiert, daß

$$\sup p_n (K_{2n-1}) \leq 1 \text{ und } \sup p'_n(K_{2n}) \leq 1$$

gilt. Die Reihe $p_1 + \frac{1}{2^2} p'_1 + \frac{1}{3^2} p_2 + \frac{1}{4^2} p'_2 + \ldots$ ist dann lokal-gleichmäßig auf X konvergent gegen eine superharmonische Funktion $s \in \mathcal{C}_+(X)$. Ist nun $\mu \geq 0$ ein bezüglich $x \in X$ harmonisches Maß, So folgt $\mu = \varepsilon_x$ aus $\int s\, d\mu = s(x)$. In der Tat: Zunächst folgt $\int p_n d\mu = p_n(x)$ und $\int p'_n d\mu = p'_n(x)$, also

$$\int (p_n - p'_n)\, d\mu = p_n(x) - p'_n(x)$$

für alle $n = 1, 2, \ldots$. Da $(p_n - p'_n)$ in $\mathcal{K}(X)$ total bezüglich gleichmäßiger Konvergenz ist, folgt dann $\int f\, d\mu = f(x)$ für alle $f \in \mathcal{K}(X)$, also $\mu = \varepsilon_x$. Der Potentialteil p von s ist dann aber ein Potential mit den gewünschten Eigenschaften. Für jede reguläre Menge V und jedes $x \in V$ ist μ_x^V harmonisch bezüglich x und $\neq \varepsilon_x$. Daher ist jedes Potential mit den in Frage stehenden Eigenschaften streng. |

§ 8. Polare Mengen

Auch in diesem Paragraphen sei X ein streng harmonischer Raum.

Definition. Eine Menge $P \subset X$ heißt polar, falls eine superharmonische Funktion $s \geq 0$ auf X existiert mit $P \subset s^{-1}(+\infty)$.

Beispiele. 1. Im Standard-Beispiel (1) für Dimensionen $n \geq 3$ ist jeder Punkt $a \in \mathbb{R}^n$, d.h. genauer jede einpunktige Menge $\{a\}$ polar. Die Funktion $x \longrightarrow K_1(x,a)$ ist nämlich superharmonisch und > 0; es gilt $K_1(a,a) = +\infty$.

2. Auch im Standard-Beispiel (2) ist jeder Punkt $a \in \mathbb{R}^{n+1}$ für jedes n=1,2,... polar. Man betrachte hierzu zu $a = (a_1, \ldots, a_{n+1})$ die Punktfolge

$$a^k = (a_1, \ldots, a_n, a_{n+1} - k^{-4}) \qquad (k=1,2,\ldots)$$

und die durch

$$s(x) = \sum_{k=1}^{\infty} \frac{1}{k^2} K_2(x, a^k)$$

definierte Funktion $s \in {}_+\mathcal{K}^*_X$. Für diese ist $s(a) = \sum_{k=1}^{\infty} k^{2n-2} = +\infty$. Zu zeigen ist also nur noch, daß s superharmonisch ist. Für jedes $x \in \mathbb{R}^{n+1}$ mit $x_{n+1} > a_{n+1}$ ist die Funktion $y \longrightarrow K_2(x,y)$ auf dem Träger des Maßes $\mu = \sum_{k=1}^{\infty} k^{-2} \varepsilon_{a^k}$ stetig und beschränkt. Da μ endliche Gesamtmasse besitzt, folgt hieraus

$$s(x) = \int K_2(x,y)\, \mu(dy) < +\infty .$$

Die Menge $A = \{x: s(x) < +\infty\}$ enthält also alle $x \in \mathbb{R}^{n+1}$ mit $x_{n+1} > a_{n+1}$. Da A nach 1.4.2 eine Absorptionsmenge ist, folgt hieraus $A = \mathbb{R}^{n+1}$ nach den Ausführungen zum Standard-Beispiel (2) in I,4. Folglich ist s superharmonisch.

3. Im Standard-Beispiel (1) betrachte man den Fall n = 1. Nach 2.5.5 ist jedes offene, relativ-kompakte Intervall $]\alpha, \beta[$ mit $-\infty < \alpha < \beta < +\infty$ ein streng harmonischer Raum. Man prüft leicht nach, daß keiner der Punkte aus $]\alpha, \beta[$ polar ist. (Dies folgt auch unmittelbar aus 2.8.1.)

Die folgenden Eigenschaften polarer Mengen folgen nahezu unmittelbar aus der Definition.

1) Jede Teilmenge einer polaren Menge ist polar.

2) Die Vereinigung endlich vieler polarer Mengen ist polar.

3) Jede polare Menge ist vernachlässigbar.

Ist nämlich $s \in {}_{+}\mathcal{S}_X$, so gilt $\int s\, d\mu_x^V < +\infty$ für jede reguläre Menge V und jedes $x \in V$. Also ist s μ_x^V - fast überall endlich und somit $\mu_x^V(\overset{-1}{s}(+\infty)) = 0$.

4) Das Komplement $\complement P$ jeder polaren Menge $P \subset X$ liegt dicht in X. Dies folgt aus der entsprechenden Aussage für vernachlässigbare Mengen.

5) $P = \emptyset$ ist die einzige polare Absorptionsmenge.

In der Tat: Sei P eine polare Absorptionsmenge und x ein Punkt aus P. Dann gilt $\mu_x^V(P) = 0$ für jede reguläre Umgebung V von x gemäß 3. Da P Absorptionsmenge ist, gilt $\mu_x^V(\complement P) = 0$. Also folgt $\mu_x^V(X) = \int d\mu_x^V = 0$. Die Annahme, daß x in P liegt, widerspricht also dem Trennungsaxiom, aus dem $\int d\mu_x^V > 0$ für alle regulären Mengen V und alle $x \in V$ folgt. Daher muß $P = \emptyset$ sein.

Der folgende Satz erlaubt vielfach den Nachweis, daß eine vorgelegte abgeschlossene Menge nicht polar sein kann.

Satz 2.8.1. Sei P eine abgeschlossene, polare Teilmenge eines zusammenhängenden, streng harmonischen Raumes X. Dann ist $\complement P$ zusammenhängend.

Beweis. Wir führen die Annahme, daß es nicht-leere, disjunkte, offene Mengen G_1, G_2 gibt mit $\complement P = G_1 \cup G_2$ zum Widerspruch. Es ist dann $X = \overline{\complement P} = \overline{G_1} \cup \overline{G_2}$. Aus dem Zusammenhang von X folgt, daß die Menge $A := \overline{G_1} \cap \overline{G_2}$ nicht leer ist. Wegen $A \subset P$ ist A polar. Der gesuchte Widerspruch liegt vor, wenn A auch Absorptionsmenge ist. Dies aber kann wie folgt eingesehen werden: Man definiere für $i = 1,2$ und jedes $x \in X$

$$s_i(x) = \begin{cases} s(x) , & x \in G_i \\ +\infty , & x \in G_j \cup P \end{cases} \qquad (j \neq i, j=1,2).$$

Dabei sei s eine Funktion aus ${}_+\mathcal{S}_X$ mit $P \subset \overset{-1}{s}(+\infty)$. Dann sind s_1 und s_2 offenbar hyperharmonisch auf X, und es gilt

$$\overline{G_i} = \overline{\{x \in X: s_i(x) < +\infty\}} \qquad (i=1,2).$$

Nach 1.4.2 sind somit $\overline{G_1}$ und $\overline{G_2}$ Absorptionsmengen. Folglich ist auch $A = \overline{G_1} \cap \overline{G_2}$ eine Absorptionsmenge. |

Wir verschärfen obige Eigenschaft 2 durch den

Satz 2.8.2. Die Vereinigung einer jeden Folge polarer Mengen ist polar.

Beweis. Da X eine abzählbare Basis besitzt, gibt es insbesondere eine abzählbare Basis (V_n), welche nur aus regulären Mengen besteht. Man wähle für jedes $n \in \mathbb{N}$ ein x_n in V_n und setze $\mu_n = \mu_{x_n}^{V_n}$. Sei nun (P_n) eine Folge polarer Mengen und (s_n) eine Folge in ${}_+\mathcal{S}_X$ mit $P_n \subset \overset{-1}{s_n}(+\infty)$ für jedes n. Es ist dann $\int s_n d\mu_i < +\infty$ für alle $n, i = 1,2,\ldots$. Nach Multiplikation mit geeigneten positiven Zahlen kann erreicht werden, daß

$$\int s_n \, d\mu_i \leq 2^{-n}$$

für alle $n \in \mathbb{N}$ und alle $i = 1, \ldots, n$ gilt. Die Funktion $s = \sum_{n=1}^{\infty} s_n$ ist dann hyperharmonisch ≥ 0 und es gilt $\bigcup_{n=1}^{\infty} P_n \subset s^{-1}(+\infty)$. Also verbleibt zu zeigen, daß s superharmonisch ist. Es gilt aber für alle $i \in \mathbb{N}$

$$\int s \, d\mu_i = \sum_{n=1}^{i-1} \int s_n \, d\mu_i + \sum_{n=i}^{\infty} \int s_n \, d\mu_i$$

$$\leq \sum_{n=1}^{i-1} \int s_n \, d\mu_i + \sum_{n=i}^{\infty} 2^{-n} < +\infty .$$

Also ist $s(y_i) < +\infty$ für mindestens ein $y_i \in V_i^*$ $(i=1,2,\ldots)$. Da (V_n) eine Basis ist, liegt die Menge dieser y_i dicht in X. Folglich ist s superharmonisch. |

Abschließend kennzeichnen wir polare Mengen P mittels der Gefegten $\hat{R}_f^P$.

Lemma 2.8.3. Sei P eine polare Menge und x ein Punkt aus $\complement P$. Dann existiert eine Funktion $s \in {}_+\mathcal{S}_X$ mit $P \subset s^{-1}(+\infty)$ und $s(x) < +\infty$.

Beweis. Sei t eine Funktion aus ${}_+\mathcal{S}_X$ mit $P \subset t^{-1}(+\infty)$ und (V_n) eine Folge regulärer Mengen mit $\bigcap_{n=1}^{\infty} V_n = \{x\}$. Da $t_{V_n}(x) < +\infty$ gilt für alle n, kann man positive reelle Zahlen α_n so finden, daß $\sum_{n=1}^{\infty} \alpha_n t_{V_n}(x) < +\infty$. Dann ist $u = \sum \alpha_n t_{V_n}$ eine Funktion aus ${}_+\mathcal{H}_X^*$. Es ist $u(x) < +\infty$ und $u(y) = +\infty$ für alle $y \in P$. Zu jedem solchen y gibt es nämlich ein n mit $y \notin V_n$, also mit $t_{V_n}(y) = t(y) = +\infty$. Somit leistet $s := \inf(u, t)$ das Verlangte. |

Satz 2.8.4. Für jede polare Menge $P \subset X$ und jede numerische Funktion $f \geq 0$ auf ist $R_f^P(x) = 0$ für jedes $x \in \complement P$ und $\hat{R}_f^P = 0$. Existiert umgekehrt zu einer Menge $P \subset X$ eine numerische Funktion $f \geq 0$ mit $\hat{R}_f^P = 0$ und mit $f(x) > 0$ für alle $x \in P$, so ist P polar.

Beweis. Nach dem vorausgehenden Lemma existiert zu $x \in \complement P$ eine Funktion $s \in {}_+\mathcal{S}_X$ mit $P \subset \overset{-1}{s}(+\infty)$ und $s(x) < +\infty$. Hieraus folgt $R_f^P(x) \leq \lambda\, s(x)$ für alle $\lambda > 0$ und somit $R_f^P(x) = 0$. Da P vernachlässigbar ist, liegt $\complement P$ dicht in X. Aus $R_f^P(x) = 0$ für alle $x \in \complement P$ folgt daher $\hat{R}_f^P = 0$.

Für den Beweis der Umkehrung sei s eine strikt positive, reelle, superharmonische Funktion auf X. Von f kann $f \leq s$ angenommen werden; andernfalls ersetze man f durch $\inf(f, s)$. Wegen $\hat{R}_f^P = 0$ gilt nach 2.1.1 $\int^* R_f^P \, d\mu_x^V = 0$ für alle regulären Mengen V und alle $x \in V$. Auf dem Rand jeder regulären Menge V liegt dann wegen $\int d\mu_x^V > 0$ mindestens eine Nullstelle von R_f^P. Daher gibt es eine in X dichte Folge (x_n) mit $R_f^P(x_n) = 0$. Zu jedem n existiert dann weiterhin eine hyperharmonische Funktion u_n auf X, welche f auf P majorisiert und welche der Bedingung

$$u_n(x_i) \leq 2^{-n} \qquad \text{für } i=1, \ldots, n \quad (n \in \mathbb{N})$$

genügt. Ferner kann $u_n \leq s$ für jedes n angenommen werden. Die Funktion $u := \sum_{n=1}^{\infty} u_n$ ist dann hyperharmonisch ≥ 0 und auf einer dichten Teilmenge endlich, also superharmonisch. Für jedes $j \in \mathbb{N}$ gilt nämlich

$$u(x_j) = u_1(x_j)+\ldots+u_{j-1}(x_j)+ \sum_{n=j}^{\infty} u_n(x_j)$$

$$= (j-1)s(x_j) + \sum_{n=j}^{\infty} 2^{-n} < +\infty .$$

P ist polar, weil für jeden Punkt $x \in P$ und jedes $n \in \mathbb{N}$ gilt $u_n(x) \geq f(x) > 0$ und somit $u(x) = +\infty$ ist. |

§ 9. Überblick über weitere Anwendungsbeispiele der Theorie

Es ist zu erwarten, daß umfangreiche Klassen elliptischer und parabolischer partieller Differentialgleichungen zweiter Ordnung ein Garbendatum von Lösungen besitzen, welches den Axiomen eines harmonischen Raumes genügt. Im folgenden sollen über einige Resultate in dieser Richtung berichtet werden, welche aber vielfach noch eine Vertiefung verdienen. Besonders auf dem Gebiet der parabolischen Differentialgleichungen erscheint eine solche Vertiefung wünschenswert. Hier bereitet vor allem der Nachweis des Konvergenzaxioms Schwierigkeiten, da dieses mit dem ebenfalls weitgehend ungeklärten Fragenkomplex der Harnackschen Ungleichung in so enger Beziehung steht.

I. Parabolische Differentialgleichungen. Auf $X = \mathbb{R}^{n+1}$ betrachten wir einen parabolischen Differentialoperator

$$L\,u := \sum_{i,j=1}^{n} \frac{\partial}{\partial x_i} \left(a_{ij} \frac{\partial u}{\partial x_j}\right) + \sum_{i=1}^{n} b_i \frac{\partial u}{\partial x_i} + cu - \frac{\partial u}{\partial x_{n+1}} ,$$

dessen Koeffizienten a_{ij}, b_i und c auf X definierte Funktionen sind und folgenden Bedingungen genügen:

(1) $$a_{ij} = a_{ji} \qquad (i, j=1, \ldots, n);$$

(1) alle Funktionen $\frac{\partial a_{ij}}{\partial x_k}$, b_i, c sind auf X lokal α-Hölder-stetig mit $0 < \alpha < 1$ $(i, j, k=1, \ldots, n)$;

(3) es existiert eine reelle Zahl $\lambda > 0$ mit

$$\lambda \sum_{i=1}^{n} \xi_i^2 \leq \sum_{i,j=1}^{n} a_{ij}(x)\, \xi_i\, \xi_j$$

für alle $(\xi_1, \ldots, \xi_n) \in \mathbb{R}^n$ und alle $x \in X$;

(4) zu jedem $\tau \in \mathbb{R}$ gibt es positive Konstante ß, γ, eine natürliche Zahl m und eine Umgebung U_τ von τ in $\mathbb{R}$ derart, daß gilt

$$\sup_{i,j,k=1,\ldots,n} \left(a_{ij}(x), \frac{\partial a_{ij}}{\partial x_k}(x), b_i(x)\right) \leq ß(\gamma + |x|^m)$$

und

$$c(x) \leq ß$$

für alle $x \in X$ mit $x_{n+1} \in U_\tau$. Dabei ist $|x| := (x_1^2 + \ldots + x_n^2)^{1/2}$ für $x = (x_1, \ldots, x_{n+1}) \in X$.

Men betrachte nun das Garbendatum $\mathcal{H}^L$ der zweimal stetig nach $x_1, \ldots, x_n$ und einmal stetig nach x_{n+1} differenzierbaren Lösungen von der Differentialgleichung $Lu = 0$. Nach einem unveröffentlichten Resultat von S. GUBER ist dann $X = \mathbb{R}^{n+1}$ ein streng harmonischer Raum bezüglich $\mathcal{H}^L$.

II. Brelotsche harmonische Räume.

1. Auf einem Gebiet Ω_o des $\mathbb{R}^n$ $(n \geq 2)$ sei der elliptische Differentialoperator

$$Lu := \sum_{i,j=1}^{n} a_{ij} \frac{\partial^2 u}{\partial x_i \partial x_j} + \sum_{i=1}^{n} b_i \frac{\partial u}{\partial x_i} + cu$$

definiert. Elliptisch bedeutet dabei, daß $a_{ij} = a_{ji}$ für alle $i,j=1,\dots,n$ gilt und daß die quadratische Form $\sum_{i,j=1}^{n} a_{ij}(x)\, \xi_i \xi_j$ für jedes $x \in \Omega_0$ positiv definit ist. Alle Funktionen a_{ij}, b_i und c mögen lokal der Lipschitz-Bedingung genügen. Bezeichnet dann wieder $\mathcal{H}^L$ das Garbendatum aller zweimal stetig differenzierbaren Lösungen von $Lu = 0$, so zeigt R.-M. HERVE [21]:

a) Im Falle $c \leq 0$ und $c \not\equiv 0$ ist Ω_0 ein Brelotscher harmonischer Raum bezüglich $\mathcal{H}^L$.

b) Im Falle $c = 0$ ist jede offene Menge Ω mit $\overline{\Omega} \subset \Omega_0$ ein Brelotscher harmonischer Raum bezüglich $\mathrm{Rest}_{\Omega}\, \mathcal{H}^L$.

c) Bei beliebigem c besitzt jeder Punkt $x \in \Omega_0$ eine offene Umgebung $V_x \subset \Omega_0$ derart, daß V_x ein Brelotscher harmonischer Raum bezüglich $\mathrm{Rest}_{V_x}\, \mathcal{H}^L$ ist.

2. Jede <u>hyperbolische</u> Riemannsche Fläche X ist ein Brelotscher harmonischer Raum bezüglich des Garbendatums der harmonischen Funktionen. Allgemeiner ist jeder <u>Greensche Raum</u> im Sinne von BRELOT-CHOQUET [18] ein Brelotscher harmonischer Raum. Dies folgt sehr einfach aus den in [18] bewiesenen Eigenschaften Greenscher Räume.

3. Sei Ω ein beschränktes Gebiet im $\mathbb{R}^n$. Der Differentialoperator

$$Lu = \sum_{i=1}^{n} \frac{\partial}{\partial x_i} \left(\sum_{j=1}^{n} a_{ij} \frac{\partial u}{\partial x_j} \right)$$

besitze Koeffizienten $a_{ij} = a_{ji}$ $(i,j=1,\dots,n)$, welche <u>meßbare</u> reelle

Funktionen auf Ω sind. Der Operator sei gleichmäßig elliptisch, d.h. es existiere eine Zahl $\lambda \geq 1$, so daß

$$\frac{1}{\lambda} \sum_{i=1}^{n} \xi_i^2 \leq \sum_{i,j=1}^{n} a_{ij}(x) \xi_i \xi_j \leq \lambda \sum_{i=1}^{n} \xi_i^2$$

für alle x und $(\xi_1, \ldots, \xi_n) \in \mathbb{R}^n$ gilt. NachR.-M. HERVE [22] ist dann Ω ein Brelotscher elliptischer Raum bezüglich des Garbendatums der lokalen Lösungen der Differentialgleichung Lu = 0. Zum Begriff der lokalen Lösung vgl. man etwa HÖRMANDER [23].

III. BALAYAGE - THEORIE

Seit der die klassische Potentialtheorie betreffenden, richtungsweisenden Arbeit von BRELOT [13] ist die Balayage-Theorie weitgehend zu identifizieren mit dem Studium der Gefegten $\hat{R}_u^E$ von Funktionen $u \in {}_+\mathcal{X}^*_X$.

Die ursprünglich die Theorie auslösende Frage nach dem "Fegen (französisch: balayer) von Maßen" erledigt sich weitgehend durch die Anwendung der über das "Fegen von Funktionen" erzielten Resultate. Bezüglich der historischen Entwicklung der Balayage-Theorie vgl. man BRELOT [14] .

Im ganzen folgenden Kapitel werde X als streng harmonischer Raum vorausgesetzt.

§ 1. Feine Topologie

Definition. Eine Menge $E \subset X$ heißt dünn in einem Punkt $x \in \complement E$, wenn entweder x in $\complement \bar{E}$ liegt oder wenn x in $\bar{E}$ liegt und ein $u \in {}_+\mathcal{X}^*_X$ existiert mit

$$\liminf_{y \to x,\, y \in E} u(y) > u(x).$$

Bezeichnet U eine Umgebung von x, so ist offenbar E genau dann dünn in $x \in \complement E$, wenn $E \cap U$ dünn in x ist.

Beispiele. 1) Sei V eine Umgebung von x. Dann ist $V \setminus \{x\}$ nicht dünn in x. Nach 2.1.3 gilt nämlich $u(x) = \liminf_{y \to x,\, y \neq x} u(y)$ für jede auf X hyperharmonische Funktion u.

2) Eine polare Menge P ist in jedem Punkt $x \in \complement P$ dünn.

Nach 2.8.3 gibt es nämlich zu $x \notin P$ ein $s \in {}_{+}\mathcal{S}_X$ mit $P \subset s^{-1}(+\infty)$ und $s(x) < +\infty$. Im Falle $x \in \bar{P}$ ist also $\liminf_{y \to x,\, y \in P} s(y) = +\infty > s(x)$.

3) Für eine Absorptionsmenge A ist $\complement A$ in jedem Punkt $x \in A$ dünn. Es genügt zu bemerken, daß die Funktion

$$u(x) = \begin{cases} 0 \ , & x \in A \\ +\infty \ , & x \in \complement A \end{cases}$$

in ${}_{+}\mathcal{H}^*_X$ liegt.

4) Mit E ist auch jede Menge $E' \subset E$ dünn in $x \in \complement E$.

5) Sind E und F in $x \in \complement(E \cup F)$ dünne Mengen, so ist auch $E \cup F$ dünn in x.

In der Tat: Es genügt, den Fall $x \in \bar{E} \cap \bar{F}$ zu betrachten. Dann gibt es $u, v \in {}_{+}\mathcal{H}^*_X$ und eine Umgebung V von x mit $u(y) \geq \alpha > u(x)$ für alle $y \in E \cap V$ und $v(y) \geq \beta > v(x)$ für alle $y \in F \cap V$. Sei $\varepsilon > 0$ so gewählt, daß $\alpha - \varepsilon > u(x)$ und $\beta - \varepsilon > v(x)$ sowie $u(y) \geq u(x) - \varepsilon$ und $v(y) \geq v(x) - \varepsilon$ für alle $y \in V$ gilt. Dann aber ist

$$u(y) + v(y) \geq \inf(\alpha - \varepsilon + v(x), \beta - \varepsilon + u(x)) > u(x) + v(x)$$

für alle $y \in (E \cup F) \cap V$. Hieraus folgt die Dünnheit von $E \cup F$ in x.

Dünne Mengen haben im folgenden Sinne kleines harmonisches Maß:

Lemma 3.1.1. Für jede in einem Punkte $x \in \complement E$ dünne Menge $E \subset X$ gilt

$$\lim_{\mathfrak{F}(x)} (\mu_x^V)^* (E) = 0 \, ,$$

wenn hierbei $\mathfrak{F}(x)$ der Abschnittsfilter der bezüglich $\supset$ geordneten Menge aller regulären Umgebungen V von x ist.

Beweis. Im Falle $x \notin \bar{E}$ ist nichts zu zeigen, da dann $(\mu_x^V)^*(E) = 0$ ist für alle regulären Umgebungen V von x mit $\bar{V} \cap E = \emptyset$. Sei also $x \in \bar{E} \setminus E$. Dann gibt es ein $u \in {}_+\mathcal{H}_X^*$, ein $\alpha > u(x)$ und ein $V_0 \in \mathfrak{U}(x)$ mit $u(y) \geq \alpha$ für alle $y \in E \cap \bar{V}_0$. Bei beliebig gegebenem $\varepsilon > 0$ kann V_0 so gewählt werden, daß $u(y) \geq u(x) - \varepsilon$ ist für alle $y \in \bar{V}_0$. Nach 2.1.3 und 2.1.4 gilt ferner

$$u(x) = \lim_{\mathfrak{f}(x)} \int u \, d\mu_x^V \qquad \text{und} \qquad 1 = \lim_{\mathfrak{f}(x)} \int d\mu_x^V .$$

Hieraus folgt

$$\varepsilon = \lim_{\mathfrak{f}(x)} \int (u - u(x) + \varepsilon)\, d\mu_x^V \geq \limsup_{\mathfrak{f}(x)} \int_E^* (u - u(x) + \varepsilon)\, d\mu_x^V$$

$$\geq (\alpha - u(x) + \varepsilon) \limsup_{\mathfrak{f}(x)} (\mu_x^V)^*(E).$$

Hieraus folgt die Behauptung, da α von ε unabhängig ist. |

Entscheidend für viele der folgenden Untersuchungen ist folgende Kennzeichnung der Dünnheit.

Satz 3.1.2. Sei $\varphi \geq 0$ eine in x nach unten halbstetige, numerische Funktion auf X, E eine Teilmenge von X und $x \in \complement E$. Gilt dann

$$\inf_{V \in \mathfrak{U}(x)} R_\varphi^{E \cap V}(x) < \varphi(x),$$

so ist E dünn in x. Ist φ in x stetig und $0 < \varphi(x) < +\infty$, so gilt hiervon auch die Umkehrung.

Beweis. Die genannte Bedingung sei erfüllt. Dann gibt es ein $V \in \mathfrak{U}(x)$ und eine φ auf $E \cap V$ majorisierende Funktion $u \in {}_+\mathcal{H}_X^*$ mit $u(x) < \varphi(x)$. Liegt also x in $\bar{E}$, so ergibt sich die Dünnheit von E in x wie folgt:

$$\liminf_{\substack{y \to x \\ y \in E}} u(y) = \liminf_{\substack{y \to x \\ y \in E \cap V}} u(y) \geq \liminf_{\substack{y \to x \\ y \in E \cap V}} \varphi(y) \geq \varphi(x) > u(x).$$

Beim Beweis der Umkehrung ist der Fall $x \notin \bar{E}$ trivial, da dann $E \cap V = \emptyset$ und somit $R_\varphi^{E\cap V} = 0$ ist für alle hinreichend kleinen $V \in \mathfrak{V}(x)$. Sei also $x \in \bar{E} \setminus E$. Dann existiert ein $u \in {}_+\mathcal{K}_X^*$ mit

$$u(x) < \liminf_{\substack{y \to x \\ y \in E}} u(y) = \sup_{V \in \mathfrak{V}(x)} \inf u(E \cap V).$$

Ersetzt man notfalls u durch λu, so kann man erreichen, daß

$$u(x) < \varphi(x) < \sup_{V \in \mathfrak{V}(x)} \inf u(E \cap V)$$

gilt. Also existiert ein $V \in \mathfrak{V}(x)$ mit $\varphi(x) < \inf u(E \cap V)$. Wegen der Stetigkeit von φ in x kann $\varphi(y) < u(y)$ für alle $y \in E \cap V$ erreicht werden. Dann aber ist $R_\varphi^{E\cap V} \leq u$ und insbesondere $R_\varphi^{E\cap V}(x) \leq u(x) < \varphi(x)$.|

Insbesondere kann also die Konstante $\varphi = 1$ in diesem Satz zur Kennzeichnung dünner Mengen verwendet werden.

Wir betrachten jetzt das System $\mathfrak{G}_f$ aller Mengen $G \subset X$, für welche $\complement G$ in jedem Punkt $x \in G$ dünn ist. Dann besitzt $\mathfrak{G}_f$ folgende drei Eigenschaften:

(i) $G_1, G_2 \in \mathfrak{G}_f \Rightarrow G_1 \cap G_2 \in \mathfrak{G}_f$.

Denn für $x \in G_1 \cap G_2$ ist $\complement(G_1 \cap G_2) = \complement G_1 \cup \complement G_2$ dünn in x.

(ii) Für jede Familie $(G_i)_{i\in I}$ von Mengen $G_i \in \mathfrak{G}_f$ gilt: $\bigcup_{i\in I} G_i \in \mathfrak{G}_f$. Zu jedem $x \in \bigcup_{i\in I} G_i$ existiert nämlich ein $i_o \in I$ mit $x \in G_{i_o}$. Es ist $\complement \bigcup_{i\in I} G_i = \bigcap_{i\in I} \complement G_i \subset \complement G_{i_o}$ und $\complement G_{i_o}$ dünn in x.

(iii) G offen in X $\Rightarrow G \in \mathfrak{G}_f$.

Für jedes $x \in G$ gilt nämlich $x \notin \overline{\complement G} = \complement G$.

Somit ist $\mathfrak{G}_f$ eine Topologie auf X, welche feiner ist als die Ausgangstopologie.

Definition. Die Mengen aus $\mathfrak{G}_f$ heißen <u>fein-offen</u>. Die Topologie

σ_f heißt die feine Topologie von X (bezüglich $\mathcal{K}$).

Für jeden Punkt $x \in X$ bezeichne $\mathfrak{V}_f(x)$ das System aller feinen Umgebungen von x. Allgemein werden im folgenden sich auf die feine Topologie beziehende Begriffe durch das Eigenschaftswort "fein" oder durch ein davorgesetztes f- (z.B. f-lim) kenntlich gemacht.

Satz 3.1.3. Für jedes $x \in X$ gilt

$$\mathfrak{V}_f(x) = \{V \subset X: x \in V, \complement V \text{ dünn in } x\}.$$

x besitzt ein aus (in der Ausgangstopologie) kompakten Mengen bestehendes Fundamentalsystem von Umgebungen.

Beweis. Zu jedem $V \in \mathfrak{V}_f(x)$ existiert ein $G \in \sigma_f$ mit $x \in G \subset V$. Daher ist $\complement V$ dünn in x. Sei umgekehrt V eine Teilmenge von X mit $x \in V$ derart, daß $\complement V$ in x dünn ist. Wir zeigen, daß V feine Umgebung von x ist und daß ein kompaktes $W \in \mathfrak{V}_f(x)$ mit $W \subset V$ existiert.

1. Fall. x liegt nicht in $\overline{\complement V}$. Dann existiert eine kompakte Umgebung W von x mit $W \cap \overline{\complement V} = \emptyset$, also mit $W \subset V$. Da σ_f feiner ist als die Ausgangstopologie, liegt W in $\mathfrak{V}_f(x)$.

2. Fall. x liegt in $\overline{\complement V}$. Dann existieren ein $u \in {}_+\mathcal{K}_X^*$ und reelle Zahlen α, β mit $u(x) < \beta < \alpha < \liminf_{y \to x, y \in \complement V} u(y)$. Also gibt es ein $W \in \mathfrak{U}(x)$ mit

$$W \setminus V \subset \{u \geq \alpha\} := \{y \in X: u(y) \geq \alpha\}.$$

Offenbar ist $\{u \geq \alpha\}$ in allen Punkten $y \in \complement\{u \geq \alpha\} = \{u < \alpha\}$ dünn, also $\{u < \alpha\} \in \sigma_f$. Es gilt $x \in \{u < \alpha\} \cap W \subset V \cap W \subset V$. Da W offen ist, hat man $\{u < \alpha\} \cap W \in \sigma_f$, also $V \in \mathfrak{V}_f(x)$. Schließlich existiert eine kompakte Umgebung K von x mit $K \subset W$. Dann aber ist $\{u \leq \beta\} \cap K$ eine kompakte, feine Umgebung von x, welche in $\{u < \alpha\} \cap W$, also in V enthalten ist. |

Korollar 3.1.4. Die feine Topologie ist die gröbste unter allen Topologien von X, für welche die Funktionen aus $_{+}\mathfrak{X}^{*}_{X}$ stetig sind.

Beweis. Sei $\mathfrak{O}$ das System der in der Ausgangstopologie offenen Mengen und $\mathfrak{O}_h$ das der gröbsten Topologie, für welche alle Funktionen aus $_{+}\mathfrak{X}^{*}_{X}$ stetig sind. Es ist $\mathfrak{O} \subset \mathfrak{O}_f$. Da jede hyperharmonische Funktion nach unten halbstetig ist, gilt somit $\{u > \alpha\} \in \mathfrak{O} \subset \mathfrak{O}_f$ für alle $u \in {_{+}\mathfrak{X}^{*}_{X}}$ und $\alpha \in \mathbb{R}$. Außerdem gilt offenbar $\{u < \alpha\} \in \mathfrak{O}_f$, so daß alle $u \in {_{+}\mathfrak{X}^{*}_{X}}$ fein-stetig sind. Daher ist $\mathfrak{O}_h \subset \mathfrak{O}_f$. Sei nun $V \in \mathfrak{O}$ und $x \in V$. Dann gibt es ein $f \in \mathcal{C}_o(X)$ mit $f(x) = 1$ und $f(y) = 0$ für alle $y \in \complement V$. Hierzu existieren nach 2.7.4 stetige, reelle Potentiale p, q auf X mit $|f - (p-q)| < \frac{1}{2}$. Folglich gilt $x \in \{p - q > \frac{1}{2}\} \subset V$ und $\{p - q > \frac{1}{2}\} \in \mathfrak{O}_h$. Also ist V eine $\mathfrak{O}_h$-Umgebung jedes seiner Punkte x, also $V \in \mathfrak{O}_h$. Somit gilt $\mathfrak{O} \subset \mathfrak{O}_h \subset \mathfrak{O}_f$.

Zum Beweis der Gleichheit $\mathfrak{O}_f = \mathfrak{O}_h$ sei G eine Menge aus $\mathfrak{O}_f$ und $x \in G$. Nach 3.1.2 gibt es eine kompakte Menge $K \in \mathfrak{W}_f(x)$ mit $K \subset G$.

Sei nun s eine gemäß 2.5.10 existiere strikt positive Funktion aus $\mathcal{S}_X \cap \mathcal{C}(X)$. Da $\complement K$ dünn in x ist, existiert nach 3.1.2 ein $V \in \mathfrak{U}(x)$ mit

$$R_s^{V \cap \complement K}(x) < s(x).$$

Dabei liegt die Reduzierte $R_s^{V \cap \complement K}$ nach 2.2.1 in $_{+}\mathfrak{X}^{*}_{X}$. Für alle $y \in V \cap \complement K$ ist $R_s^{V \cap \complement K}(y) = s(y)$ und somit

$$x \in \{R_s^{V \cap \complement K} < s\} \cap V \subset K \cap V \subset K \subset G.$$

Nach dem bereits Bewiesenen liegt $\{R_s^{V \cap \complement K} < s\}$ in $\mathfrak{O}_h$; wegen

$\mathcal{O} \subset \mathcal{O}_h$ gilt dasselbe für V. Also erweist sich G als $\mathcal{O}_h$-Umgebung aller $x \in G$ und damit als Element von $\mathcal{O}_h$. Somit gilt neben $\mathcal{O}_h \subset \mathcal{O}_f$ auch $\mathcal{O}_f \subset \mathcal{O}_h$. |

Abschließend zeigen wir noch:

Lemma 3.1.5. Sei $\mathfrak{V}$ eine Basis regulärer Umgebungen von X und sei $v \geq 0$ nahezu $\mathfrak{V}$-hyperharmonisch auf X. Dann gilt für jedes $x \in X$:

$$\hat{v}(x) = f - \liminf_{y \to x} v(y).$$

Beweis. Wegen $\mathcal{O} \subset \mathcal{O}_f$ gilt

$$f - \liminf_{y \to x} v(y) \geq \liminf_{y \to x} v(y) = \hat{v}(x).$$

Hieraus folgt die behauptete Gleichheit im Falle $f - \liminf_{y \to x} v(y) = 0$. Ist dieser feine untere Limes jedoch > 0, so wähle man ein $\alpha \in \mathbb{R}$ mit

$$0 < \alpha < f - \liminf_{y \to x} v(y) .$$

Dann gibt es ein $W \in \mathfrak{V}_f(x)$ mit $v(y) > \alpha$ für alle $y \in W$. Somit liegt $G := \{v > \alpha\}$ in $\mathfrak{V}_f(x)$, d.h. es ist $\complement G$ dünn in x. Bezeichnet wieder $\mathfrak{F}(x)$ den Abschnittsfilter der durch $\supset$ geordneten Umgebungen von x aus $\mathfrak{V}$, so gilt wegen 3.1.1

$$1 = \lim_{\mathfrak{F}(x)} \mu_x^V(X) \leq \limsup_{\mathfrak{F}(x)} (\mu_x^V)^*(G) + \limsup_{\mathfrak{F}(x)} (\mu_x^V)^*(\complement G)$$
$$= \limsup_{\mathfrak{F}(x)} (\mu_x^V)^*(G) .$$

Also ist $\limsup_{\mathfrak{F}(x)} (\mu_x^V)^*(G) = 1$, und aus 2.1.2 folgt

$$\hat{v}(x) = \lim_{\mathfrak{F}(x)} \int^* v \, d\mu_x^V \geq \limsup_{\mathfrak{F}(x)} \int_G^* v \, d\mu_x^V \geq \alpha.$$

Wegen der getroffenen Wahl von α ergibt sich hieraus die gesuchte Gleichheit. |

§ 2. Eigenschaften der Reduzierten und der Gefegten.

Unmittelbar aus der Definition der Reduzierten ergeben sich folgende, für beliebige Funktionen $u, v \in {}_+\mathcal{H}^*_X$ und Mengen $E, F \subset X$ gültigen Eigenschaften:

1) $R^E_{u+v} \leq R^E_u + R^E_v$;

2) $R^{E \cup F}_u \leq R^E_u + R^F_u$;

3) $E \subset F \Rightarrow R^E_u \leq R^F_u$;

4) $u \leq v$ auf $E \Rightarrow R^E_u \leq R^E_v$;

5) $E \subset F \Rightarrow R^E_u = R^E_{R^F_u}$.

Bei 5) ist nur zu beachten, daß $R^F_u = u$ auf F und damit auf E gilt.

Ziel der folgenden Untersuchungen ist vor allem eine Verschärfung der beiden ersten Eigenschaften.

Zunächst verallgemeinern wir 2.2.1:

Lemma 3.2.1. Für jede Funktion $u \in {}_+\mathcal{H}^*_X$ gilt:

(a) $\hat{R}^G_u = R^G_u$ $(G \in \mathfrak{G}_f)$.

(b) $\hat{R}^E_u(x) = u(x)$ in jedem fein-inneren Punkt x einer Menge $E \subset X$.

(c) $u(y) < +\infty$ für alle $y \in E \Rightarrow R^E_u = \inf_{G \in \mathfrak{G}_f,\, E \subset G} R^G_u$.

Beweis. (a): R^G_u ist nahezu hyperharmonisch. Nach 3.1.5 gilt somit: $\hat{R}^G_u(x) = f - \liminf_{y \to x} R^G_u(y) = f - \liminf_{y \to x,\, y \in G} R^G_u(y)$ $= f - \liminf_{y \to x,\, y \in G} u(y) = u(x)$ für alle $x \in G$. Also ist $R^G_u \leq \hat{R}^G_u$, woraus (a) folgt.

(b): Sei G das fein-Innere von E. Dann gilt $u(x) = R^G_u(x)$ $= \hat{R}^G_u(x) \leq \hat{R}^E_u(x) \leq u(x)$ für alle $x \in G$.

(c): Sei s eine stetige, reelle, strikt positive, superharmonische

Funktion auf X. Sei ferner v eine Funktion aus ${}_+\mathcal{H}^*_X$ mit $v \geq u$ auf E. Für jedes reelle $\varepsilon > 0$ liegt dann die Menge $G_\varepsilon := \{v + \varepsilon s > u\}$ in $\mathcal{O}_f$. Es ist $E \subset G_\varepsilon$, da u auf E endlich ist. Man erhält daher:

$$R_u^E \leq \inf_{\substack{G \in \mathcal{O}_f \\ E \subset G}} R_u^G \leq \inf_{\varepsilon > 0} R_u^{G_\varepsilon} \leq \inf_{\varepsilon > 0} (v + \varepsilon s) = v.$$

Auf Grund der Wahl von v folgt hieraus (c). |

Ist in (c) die Funktion $u \in {}_+\mathcal{H}^*_X$ stetig, so sind alle Mengen G_ε sogar offen. Der Beweis von (c) lehrt dann:

Zusatz. Für jede auf X stetige Funktion $u \in {}_+\mathcal{H}^*_X$, welche auf einer Menge $E \subset X$ endlich ist, gilt: $R_u^E = \inf_{\substack{G \text{ offen} \\ E \subset G}} R_u^G$.

Lemma 3.2.2. Sei $u \in {}_+\mathcal{H}^*_X$ und $G \in \mathcal{O}_f$. Dann gilt

(a) $$R_u^G = \sup_{\substack{H \in \mathfrak{H} \\ v \in \mathfrak{V}}} R_v^H,$$

wenn hierbei $\mathfrak{H}$ ein aufsteigend filtrierendes System fein-offener Mengen mit $\bigcup_{H \in \mathfrak{H}} H = G$ und $\mathfrak{V}$ eine aufsteigend filtrierende Teilmenge von ${}_+\mathcal{H}^*_X$ ist mit $\sup \mathfrak{V} = u$ auf G.

(b) $$R_u^G = \sup_{\substack{K \text{ kompakt} \\ K \subset G}} R_u^K = \sup_{\substack{K \text{ kompakt} \\ K \subset G}} \hat{R}_u^K .$$

Beweis. (a): $\mathfrak{F} := \{R_v^H : H \in \mathfrak{H},\ v \in \mathfrak{V}\}$ ist eine aufsteigend filtrierende Teilmenge von ${}_+\mathcal{H}^*_X$. Daher ist $\sup \mathfrak{F}$ eine Funktion aus ${}_+\mathcal{H}^*_X$, welche auf G mit u übereinstimmt. Folglich gilt $R_u^G \leq \sup \mathfrak{F}$. Es ist aber auch $\sup \mathfrak{F} \leq R_u^G$, da für alle $H \in \mathfrak{H}$ und $v \in \mathfrak{V}$ gilt: $H \subset G$ und $v \leq u$.

(b): Es sei $\mathfrak{H}$ das System aller Mengen K_o für kompakte

Mengen K $\subset$ G; dabei bezeichne K_o das feine-Innere von K.

Wegen 3.1.3 ist (a) anwendbar auf dieses System $\mathcal{G}$ und $\mathcal{V} = \{u\}$.

Dann folgt bei Beachtung von 3.2.1

$$R_u^G = \sup_{K_o \in \mathcal{G}} R_u^{K_o} = \sup_{K_o \in \mathcal{G}} \hat{R}_u^{K_o} \leq \sup_{\substack{K \text{ kompakt} \\ K \subset G}} \hat{R}_u^K \leq \hat{R}_u^G = R_u^G . \,|$$

Nunmehr ergibt sich die angekündigten Verschärfungen der beiden einleitend genannten Eigenschaften der Reduzierten.

Satz 3.2.3. Für jede Menge E $\subset$ X und beliebige Funktionen $u, v \in {}_{+}\mathcal{H}_X^*$ gilt:

$$R_{u+v}^E = R_u^E + R_v^E ;$$

$$\hat{R}_{u+v}^E = \hat{R}_u^E + \hat{R}_v^E .$$

Beweis. Nach II, § 1 ist das Regularisieren bei nahezu hyperharmonischen Funktionen additiv. Nur die erste Gleichheit ist daher zu beweisen; dabei ist die Ungleichung $R_{u+v}^E \leq R_u^E + R_v^E$ bereits bekannt.

Es genügt zu zeigen, daß die Ungleichung $R_{u+v}^G \geq R_u^G + R_v^G$ für fein offene G gilt. Dann folgt sie nämlich für beliebige Mengen E $\subset$ X folgendermaßen. Sei $x \in X$ gegeben. Da im Falle $R_{u+v}^E(x) = +\infty$ nichts zu zeigen ist, kann $R_{u+v}^E(x) < +\infty$ angenommen werden. Dann gibt es ein $t \in {}_{+}\mathcal{H}_X^*$ mit $t \geq u + v$ auf E und $t(x) < +\infty$. Sei F die Menge aller $y \in E$ mit $u(y) + v(y) < +\infty$; sei ferner $u' \in {}_{+}\mathcal{H}_X^*$ so gewählt, daß $u'(y) \geq u(y)$ für alle $y \in F$ gilt. Für jedes reelle $\varepsilon > 0$ wird dann u auf E durch $u' + \varepsilon t$ majorisiert, so daß $R_u^E \leq u' + \varepsilon t$ für alle derartigen u' und ε gilt. Hieraus folgt

$R_u^E(x) \leq R_u^F(x)$. Da außerdem $F \subset E$ gilt, folgt

$$R_u^E(x) = R_u^F(x).$$

Vertauschung von u und v ergibt

$$R_v^E(x) = R_v^F(x).$$

Dann aber folgt die zu beweisende Ungleichung $R_{u+v}^E(x) \geq R_u^E(x) + R_v^E(x)$ mit Hilfe von 3.2.1. In der Tat:

$$R_{u+v}^E(x) \geq R_{u+v}^F(x) = \inf_{\substack{G \in \mathcal{O}_f \\ F \subset G}} R_{u+v}^G(x) = \inf_{\substack{G \in \mathcal{O}_f \\ F \subset G}} (R_u^G(x) + R_v^G(x))$$

$$\geq R_u^F(x) + R_v^F(x) = R_u^E(x) + R_v^E(x).$$

Nunmehr erst beweisen wir $R_{u+v}^G \geq R_u^G + R_v^G$ für beliebige $G \in \mathcal{O}_f$. Nach 2.5.8 sind die in ${}_{+}\mathcal{L}^{*}_{X}$ gelegenen Funktionen u, v Limiten isotoner Folgen stetiger, reeller Potentiale. Wegen 3.2.2, Behauptung (a) können daher u und v als stetige, reelle Potentiale angenommen werden. Wegen 3.2.2, Beh. (b) ist ferner nur

$$R_{u+v}^G \geq R_u^K + R_v^K$$

für beliebige kompakte Mengen K G nachzuweisen. Unter diesen Annahmen ist R_u^K harmonisch in $\complement K$ und daher $w := R_{u+v}^G - R_u^K$ superharmonisch in $\complement K$. Für alle Randpunkte z von K gilt dann

$$\liminf_{\substack{x \to z \\ x \in \complement K}} w(x) \geq \liminf_{\substack{x \to z \\ x \in \complement K}} (R_{u+v}^G(x) - u(x)) \geq \liminf_{x \to z} (R_{u+v}^G(x) - u(x))$$

$$= R_{u+v}^G(z) - u(z) = v(z).$$

Setzen wir daher

$$q(x) = \begin{cases} v(x) & , x \in K \\ \inf(v(x), w(x)), & x \in \complement K \end{cases} ,$$

so ist q eine gemäß 1.3.10 in ${}_{+}\mathfrak{X}^{*}_{X}$ gelegene Funktion (und wegen $q \leq v$ sogar ein Potential). Für alle $x \in K$ ist $q(x) = v(x)$ und somit $q \geq R^K_v$. Nun folgt $w(x) \geq q(x) \geq R^K_v(x)$ für alle $x \in \complement K$ und $w(x) = u(x) + v(x) - u(x) = v(x) \geq R^K_v(x)$ für alle $x \in K$. Wie behauptet ist daher $w = R^G_{u+v} - R^K_u \geq R^K_v$. |

Satz 3.2.4. Für je zwei Mengen $E, F \subset X$ und alle Funktionen $u \in {}_{+}\mathfrak{X}^{*}_{X}$ gilt:

$$R^{E \cup F}_u + R^{E \cap F}_u \leq R^E_u + R^F_u \;;$$

$$\hat{R}^{E \cup F}_u + \hat{R}^{E \cap F}_u \leq \hat{R}^E_u + \hat{R}^F_u \;.$$

Beweis. Wieder können wir uns auf den Beweis der ersten Ungleichung beschränken. Sie gilt zunächst für je zwei fein offene Mengen E und F. Setzt man nämlich $u_1 := R^{E \cup F}_u$ und $u_2 := R^{E \cap F}_u$, so ist

$$u_1 = R^{E \cup F}_{u_1} \quad \text{und} \quad u_2 = R^{E \cap F}_{u_2} \leq R^{E \cup F}_{u_2} \leq u_2 ,$$

woraus

$$u_1 + u_2 \leq R^{E \cup F}_{u_1} + R^{E \cup F}_{u_2} = R^{E \cup F}_{u_1 + u_2}$$

nach dem vorausgehenden Satz folgt. Für alle $x \in E \cup F$ ist fernerhin

$$u_1(x) + u_2(x) \leq R^E_u(x) + R^F_u(x) .$$

Liegt nämlich etwa x in E, so gilt

$$u_1(x) + u_2(x) = u(x) + u_2(x) = R^E_u(x) + u_2(x) \leq R^E_u(x) + R^F_u(x).$$

Im Falle $x \in F$ schließt man analog. Also wird $u_1 + u_2$ auf $E \cup F$ durch die nach 3.2.1 in ${}_{+}\mathfrak{X}^{*}_{X}$ gelegene Funktion $R^E_u + R^F_u$ majorisiert, und es folgt

$$R_{u_1+u_2}^{E\cup F} \leq R_u^E + R_u^F .$$

Zusammen mit der Gleichung $u_1 + u_2 = R_{u_1+u_2}^{E\cup F}$ ergibt dies die gesuchte Ungleichung.

Nunmehr seien E und F beliebige Teilmengen von X. Wir setzen

$$E' := \{x \in E: u(x) < +\infty\} , \qquad F' := \{x \in F: u(x) < +\infty\} .$$

Dann gilt nach 3.2.1

$$R_u^{E'} = \inf_{\substack{G \in \mathfrak{G}_f \\ E' \subset G}} R_u^G , \qquad R_u^{F'} = \inf_{\substack{H \in \mathfrak{G}_f \\ F' \subset H}} R_u^H .$$

Für je zwei Mengen $G, H \in \mathfrak{G}_f$ mit $E' \subset G$ und $F' \subset H$ gilt nach dem Bisherigen:

$$R_u^{E'\cup F'} + R_u^{E'\cap F'} \leq R_u^{G\cup H} + R_u^{G\cap H} \leq R_u^G + R_u^H .$$

Also folgt

$$R_u^{E'\cup F'} + R_u^{E'\cap F'} \leq R_u^{E'} + R_u^{F'} \leq R_u^E + R_u^F .$$

Es genügt nun, die behauptete Ungleichung für Punkte $x \in X$ mit $R_u^E(x) + R_u^F(x) < +\infty$ zu beweisen. Wie im Beweis von 3.2.3 schließt man hieraus auf

$$R_u^{E'\cup F'}(x) = R_u^{E\cup F}(x) \text{ und } R_u^{E'\cap F'}(x) = R_u^{E\cap F}(x).$$

Hieraus folgt dann die Ungleichung. |

Korollar 3.2.5. Für jede stetige, reelle Funktion $s \in {}_+\mathcal{S}_X$ und jeden Punkt $x \in X$ ist die durch

$$K \longrightarrow R_s^K(x)$$

auf den kompakten Teilmengen von X definierte Funktion φ eine starke Choquetsche Kapazität. Die zugehörige äußere Kapazität ist gegeben durch

$$\varphi^*(E) = R_s^E(x) \qquad (E \subset X). \ ^{+)}$$

Beweis. Nach dem Zusatz zu 3.2.1 gilt

$$R_s^E = \inf_{\substack{U \text{ offen} \\ E \subset U}} R_s^U$$

für alle Mengen $E \subset X$. Dies (angewandt auf kompaktes E) zusammen mit 3.2.4 beweist, daß φ eine starke Choquetsche Kapazität ist. Nach 3.2.2. ist $\varphi_*(U) = R_s^U(x)$ die zugehörige innere Kapazität für offenes U. Eine erneute Anwendung des Zusatzes zu 3.2.1 liefert schließlich den Rest der Behauptung. |

Wir geben hiervon eine Anwendung:

Definition. Eine Menge $P \subset X$ heißt von innen her polar, wenn jede kompakte Teilmenge von P polar ist.

Korollar 3.2.6. Jede von innen her polare, analytische Menge P ist polar.

Beweis. Sei s eine in $\mathcal{C}(X)$ gelegene, strikt positive, superharmonische Funktion auf X. Die analytische Menge P ist nach dem bekannten Choquetschen Satz kapazitabel. Aus 3.2.5 folgt daher

$$R_s^P = \sup_{\substack{K \text{ kompakt} \\ K \subset P}} R_s^K .$$

Da P von innen her polar ist, folgt hieraus und aus 2.9.4 die Gleichheit $R_s^P(x) = 0$ für alle $x \in \complement P$.

Nunmehr zeigen wir, daß $\complement P$ in X dicht liegt. Hierzu sei V eine reguläre Menge und $x \in V$. Der Choquetsche Satz liefert, angewandt auf die starke Choquetsche Kapazität μ_x^V:

$$\mu_x^V(P) = \sup_{\substack{K \text{ kompakt} \\ K \subset P}} \mu_x^V(K) = 0.$$

Man hat nur zu beachten, daß jede kompakte Menge $K \subset P$ polar, also vernachlässigbar ist. Dann aber ist P vernachlässigbar und somit $\complement P$ dicht in X. Hieraus folgt dann $\hat{R}_s^P = 0$ auf X, also gemäß 2.9.4 die Polarität von P. |

Satz 3.2.7. Für jede isotone Folge (E_n) von Teilmengen von X und jede auf $E := \bigcup_{n=1}^{\infty} E_n$ endliche Funktion $u \in {}_{+}\mathcal{H}_X^*$ gilt:

$$\sup R_u^{E_n} = R_u^E ;$$

$$\sup \hat{R}_u^{E_n} = \hat{R}_u^E .$$

Beweis. Wieder genügt es, die erste Gleichheit zu beweisen. Nicht trivial ist dabei nur der Beweis der Ungleichung $R_u^E \leq \sup R_u^{E_n}$. Bei gegebenem $x \in X$ kann hierfür $\sup R_u^{E_n}(x) < +\infty$ angenommen werden. Es existiert dann eine isotone Folge fein-offener Mengen $G_n \supset E_n$ mit

$$R_u^{G_n}(x) \leq R_u^{E_n}(x) + \sum_{i=1}^{n} \varepsilon\, 2^{-i} \qquad (n=1,2,\ldots).$$

Die Existenz von G_1 folgt unmittelbar aus 3.2.1. Sind $G_1,\ldots,G_n$ bereits konstruiert, so ergibt sich die Existenz eines G_{n+1} wie folgt: Zu E_{n+1} gibt es ein $G' \in \mathcal{O}_f$ mit $G' \supset E_{n+1}$ und

$$R_u^{G'}(x) \leq R_u^{E_{n+1}}(x) + \varepsilon\, 2^{-n-1} .$$

Für $G_{n+1} := G_n \cup G'$ gilt dann

$$R_u^{G_{n+1}}(x) \leq R_u^{G_n}(x) + R_u^{G'}(x) - R_u^{G_n \cap G'}(x)$$

$$\leq R_u^{E_n}(x) + \sum_{i=1}^{n} \varepsilon\, 2^{-i} + R_u^{E_{n+1}}(x) + \varepsilon\, 2^{-n-1} - R_u^{G_n \cap G'}(x).$$

Beachtet man, daß $G_n \cap G' \supset E_n$ und somit $R_u^{E_n}(x) - R_u^{G_n \cap G'}(x) \leq 0$ ist, so folgt

$$R_u^{G_{n+1}}(x) \leq R_u^{E_{n+1}}(x) + \sum_{i=1}^{n+1} \varepsilon\, 2^{-i}.$$

Wir setzen $G := \bigcup_{n=1}^{\infty} G_n$ und haben dann unter Benutzung von 3.2.2

$$R_u^E(x) \leq R_u^G(x) = \sup R_u^{G_n}(x) \leq \sup R_u^{E_n}(x) + \varepsilon .$$

Da $\varepsilon > 0$ beliebig war, folgt die gesuchte Ungleichung. |

Bemerkung. Läßt man die Voraussetzung fallen, daß u auf E endlich ist, so gilt $R_u^E(x) = \sup R_u^{E_n}(x)$ wenigstens für alle $x \in X$ mit $R_u^E(x) < +\infty$. Sei nämlich $F := \{y \in E: u(y) < +\infty\}$. Wie im Beweis von 3.2.3 gezeigt wurde, gilt $R_u^E(x) = R_u^F(x)$ für alle x mit $R_u^E(x) < +\infty$. Dann aber folgt für diese Punkte: $R_u^E(x) = R_u^F(x) = \sup R_u^{F\cap E_n}(x) \leq$ $\leq \sup R_u^{E_n}(x) \leq R_u^E(x)$.

Satz 3.2.8. Für jede Menge $E \subset X$, jedes $u \in {}_+\mathfrak{X}_X^*$ und jede isotone Folge (f_n) numerischer Funktionen auf X mit $f_n \geq 0$, $f_n(x) = 0$ für alle $x \in \complement E$ und $\sup f_n(x) = u(x)$ für alle $x \in E$ gilt:

$$\sup_n R_{f_n} = R_u^E ;$$

$$\sup_n \hat{R}_{f_n} = \hat{R}_u^E .$$

Beweis. Wieder ist nur die erste Gleichheit in einem beliebigen Punkt $x \in X$ zu beweisen. Von dieser wiederum ist die Ungleichung $\sup R_{f_n} \leq R_u^E$ evident. Wir behandeln dabei zunächst den Fall, daß für alle $y \in E$ gilt $u(y) = +\infty$. Bezüglich des Verhaltens der Folge $(R_{f_n}(x))$ unterscheiden wir drei Fälle:

1. Für alle $n \in \mathbb{N}$ ist $R_{f_n}(x) = 0$. Zu jedem $n \in \mathbb{N}$ und $\varepsilon > 0$ existiert dann ein $u_n \in {}_+\mathfrak{X}_X^*$ mit $u_n(y) \geq f_n(y)$ für alle $y \in E$ und $u_n(x) \leq \varepsilon 2^{-n}$. Die Funktion $t := \sum_{n=1}^{\infty} u_n$ liegt dann in ${}_+\mathfrak{X}_X^*$ und majorisiert u auf E, woraus $R_u^E(x) \leq t(x) \leq \varepsilon$ folgt. Da $\varepsilon > 0$ beliebig war, ergibt sich $R_u^E(x) = 0 = \sup R_{f_n}(x)$.

2. Es existiert ein $k \in \mathbb{N}$ mit $R_{f_k}(x) = +\infty$. Dann ist trivialer-

weise $R_u^E(x) = +\infty = \sup R_{f_n}(x)$.

3. Es existiert ein $k \in \mathbb{N}$ mit $0 < R_{f_k}(x) < +\infty$. Dann gibt es ein $t \in {}_+\mathfrak{X}_X^*$ mit $t(y) \geq f_k(y)$ für alle $y \in E$ und $t(x) < +\infty$. Bei beliebig gegebenem, reellen $\alpha > 0$ setzen wir

$$F_n := \{y \in E: \quad f_n(y) > \alpha t(y)\} \qquad (n=1,2,\ldots).$$

Dann ist (F_n) eine isotone Folge von Teilmengen von E. Für $F := \bigcup_{n=1}^{\infty} F_n$ gilt $R_t^{E \setminus F}(x) = 0$. Für alle $y \in E \setminus F$ und alle $n \in \mathbb{N}$ gilt nämlich $f_n(y) \leq \alpha t(y)$ und daher $+\infty = u(y) \leq \alpha t(y)$; somit ist $t(y) = +\infty$ auf $E \setminus F$. Hieraus folgt offenbar, daß $R_t^{E \setminus F}$ nur die Werte 0und $+\infty$ annehmen kann; wegen $R_t^{E \setminus F}(x) \leq t(x) < +\infty$ ist daher $R_t^{E \setminus F}(x) = 0$. Also ergibt sich: $R_{f_k}(x) \leq R_t^E(x) \leq R_t^F(x) + R_t^{E \setminus F}(x) = R_t^F(x)$. Da t auf F endlich ist, kann 3.2.7 angewendet werden, wonach

$$\sup R_t^{F_n}(x) = R_t^F(x)$$

ist. Außerdem gilt $R_{f_n} \geq R_{\alpha t}^{F_n}$ und somit

$$\sup R_{f_n}(x) \geq \alpha \sup R_t^{F_n}(x) = \alpha R_t^F(x) \geq \alpha R_{f_k}(x).$$

Da $\alpha > 0$ beliebig war, folgt $\sup R_{f_n}(x) = +\infty \geq R_u^E(x)$.

Nunmehr erst betrachten wir den allgemeinen Fall. Sei hierzu α eine reelle Zahl mit $0 < \alpha < 1$ und

$$C_n := \{y \in E: \quad \alpha u(y) < f_n(y)\}. \qquad (n=1,2,\ldots).$$

(C_n) ist eine isotone Folge von Teilmengen von E mit

$$C := \bigcup_{n=1}^{\infty} C_n = \{y \in E: \quad u(y) < +\infty\}.$$

Nach 3.2.7 ist dann $\alpha R_u^C = \sup R_{\alpha u}^{C_n} \leq \sup R_{f_n}$. Da C von α unabhängig ist, folgt $R_u^C \leq \sup R_{f_n}$. Nun ist u identisch $+\infty$ auf $E \setminus C$, also $R_u^{E \setminus C}(x)$ nur der Wert 0 und 1 fähig. Ist $R_u^{E \setminus C}(x) = 0$, so folgt $R_u^E(x) \leq R_u^C(x) + R_u^{E \setminus C}(x) = R_u^C(x) \leq \sup R_{f_n}(x)$. Ist jedoch $R_u^{E \setminus C}(x) = +\infty$, so ergibt sich aus dem behandelten Spezialfall $\sup R_{f_n}(x) \geq \sup R_{g_n}(x) =$ $= R_u^{E \setminus C}(x) = +\infty \geq R_u^E(x)$, wenn hierbei $g_n(y) = f_n(y)$ auf $E \setminus C$ und $g_n(y) = 0$ auf $\complement(E \setminus C)$ gesetzt wird. |

Korollar 3.2.9. Für jede Menge $E \subset X$ und jede isotone Folge (u_n) in ${}_+\mathfrak{L}_X^*$ gilt

$$\sup R_{u_n}^E = R_{\sup u_n}^E ;$$

$$\sup \hat{R}_{u_n}^E = \hat{R}_{\sup u_n}^E .$$

Beweis. Setzt man $f_n(x) = u_n(x)$ für alle $x \in E$ und $f_n(x) = 0$ für alle $x \in \complement E$, so ist $R_{f_n} = R_{u_n}^E$. |

§ 3. Semipolare Mengen und Konvergenzsatz

Wir ziehen eine erste Folgerung aus den letzten Sätzen und verschärfen 2.3.5:

Satz 3.3.1. Für beliebige Mengen $E \subset X$ und Funktionen $u \in {}_+\mathfrak{L}_X^*$ ist

$$\hat{R}_u^E(x) = R_u^E(x) \qquad \text{für alle } x \in \complement E.$$

Beweis. Sei x ein Punkt aus $\complement E$. Zunächst werde u als endlich vorausgesetzt. (V_n) bezeichne eine antitone Folge von Umgebungen von x mit $\bigcap_{n=1}^{\infty} V_n = \{x\}$.

Nach 2.3.5 gilt dann $\hat{R}_u^{E \setminus V_n}(x) = R_u^{E \setminus V_n}(x)$ für jedes $n \in \mathbb{N}$, da x nicht in $\overline{E \setminus V_n}$ liegt. Mittels 3.2.7 folgt dann aber

$$\hat{R}_u^E(x) = \sup \hat{R}_u^{E \setminus V_n}(x) = \sup R_u^{E \setminus V_n}(x) = R_u^E(x).$$

Bei beliebigem $u \in {}_{+}\mathcal{H}^{*}_{X}$ wähle man eine strikt positive, reelle Funktion $s \in {}_{+}\mathcal{S}_{X}$ und setze $u_n := \inf(u, ns)$. Dann ist die Folge (u_n) isoton und hat u zur oberen Einhüllenden; nach dem bereits behandelten Spezialfall gilt $\hat{R}^{E}_{u_n}(x) = R^{E}_{u_n}(x)$ für alle n. Die Behauptung folgt hieraus, indem man 3.2.8 heranzieht. |

Korollar 3.3.2. Sei E eine Teilmenge von X und x ein Punkt aus $\complement E$. Sei ferner $\varphi \geq 0$ eine in x stetige, numerische Funktion auf X mit $0 < \varphi(x) < +\infty$. Genau dann ist die Menge E dünn in x, wenn gilt

$$\inf_{V \in \mathfrak{U}(x)} \hat{R}^{E \cap V}_{\varphi}(x) < \varphi(x).$$

Beweis. Die genannte Bedingung ist notwendig für die Dünnheit von E in x. Dies folgt aus 3.1.2 und der Ungleichung $\hat{R}^{F}_{\varphi} \leq R^{F}_{\varphi}$ für alle $F \subset X$. Die Bedingung ist aber auch hinreichend: Man wähle eine strikt positive Funktion $s \in {}_{+}\mathcal{S}_{X} \cap \mathcal{C}(X)$ derart, daß

$$\inf_{V \in \mathfrak{U}(x)} \hat{R}^{E \cap V}_{\varphi}(x) < s(x) < \varphi(x)$$

gilt. Dann gibt es eine Umgebung W von x mit $\hat{R}^{E \cap W}_{\varphi}(x) < s(x)$ und $s(y) < \varphi(y)$ für alle $y \in W$. Hieraus folgt $\hat{R}^{E \cap W}_{s}(x) \leq \hat{R}^{E \cap W}_{\varphi}(x) < s(x)$; es ist also die genannte Bedingung mit s anstelle von φ erfüllt. Da x nicht in $E \cap W$ liegt, folgt mittels 3.3.1

$$R^{E \cap W}_{s}(x) = \hat{R}^{E \cap W}_{s}(x) < s(x).$$

Nach 3.1.2 ist somit E dünn in x. |

Bemerkung. Seien φ und ψ strikt positive Funktionen aus $\mathcal{C}(X)$. Gilt dann für eine Menge $E \subset X$ und einen Punkt $x \in X$, der auch in E liegen kann,

$$\inf_{V \in \mathfrak{U}(x)} \hat{R}^{E \cap V}_{\varphi}(x) < \varphi(x),$$

so gilt auch

$$\inf_{V \in \mathfrak{U}(x)} \hat{R}_{\psi}^{E \cap V}(x) < \psi(x)$$

(und umgekehrt). Dies zeigen Überlegungen, wie sie in den Beweisen zu 3.1.2 und 3.3.2 durchgeführt wurden. Insbesondere kann man also für ψ die konstante Funktion 1 wählen.

Diese Bemerkung und das Korollar 3.3.2 benützen wir, um die Definition der Dünnheit einer Menge E in einem Punkte x von der bisher gemachten Voraussetzung $x \notin E$ zu befreien.

Definition. Eine Menge $E \subset X$ heißt dünn in einem Punkte $x \in X$, wenn gilt:

$$\inf_{V \in \mathfrak{U}(x)} \hat{R}_1^{E \cap V}(x) < 1.$$

Diese Definition ist dann mit der bisherigen, den Fall $x \notin E$ betreffenden konsistent.

Folgerungen: a) Jede Teilmenge einer in x dünnenMenge ist dünn in x.

b) Eine polare Menge P ist in jedem Punkt $x \in X$ dünn. Nach 2.8.4 ist nämlich $\hat{R}_1^P = 0$.

Sind die Punkte von X polar, wie dies in den Standard-Beispielen der Fall ist, so läßt sich die Dünnheit einer Menge E in $x \in E$ auf die Dünnheit von $E \setminus \{x\}$ in x zurückführen.

Satz 3.3.3. Sei x ein polarer Punkt einer Menge $E \subset X$. E ist genau dann dünn in x, wenn die Menge $E \setminus \{x\}$ dünn in x ist.

Beweis. Für jede polare Menge und jede Menge $F \subset X$ gilt $\hat{R}_1^F = \hat{R}_1^{F \cup P}$ wegen $\hat{R}_1^P = 0$. Es ist nämlich $\hat{R}_1^F \leq \hat{R}_1^{F \cup P} \leq \hat{R}_1^F + \hat{R}_1^P$.

Also gilt insbesondere

$$\inf_{V \in \mathfrak{U}(x)} \hat{R}_1^{E \cap V}(x) = \inf_{V \in \mathfrak{U}(x)} \hat{R}_1^{(E \setminus \{x\}) \cap V}(x)$$

Hieraus folgt die Behauptung. |

Wir erweitern nun den Bereich der polaren Mengen zu dem endgültigen System der Ausnahmemengen, nämlich dem der semipolaren Mengen.

Definition. Eine Menge $T \subset X$ heißt total-dünn, wenn sie in jedem Punkt $x \in X$ dünn ist. Eine Menge heißt semipolar, wenn sie sich als Vereinigung einer Folge total-dünner Mengen darstellen läßt.

Offenbar ist jede Teilmenge einer semipolaren bzw. total-dünnen Menge semipolar bzw. total-dünn. Die Vereinigung jeder Folge semipolarer Mengen ist semipolar.

Jede polare Menge ist total-dünn und jede total-dünne Menge semipolar. Die folgenden Beispiele zeigen, daß die umgekehrten Implikationen falsch sind.

Beispiele. 1) Im Standard-Beispiel (2) setzen wir für jedes reelle τ :

$$A_\tau := \{x \in \mathbb{R}^{n+1} : x_{n+1} \leq \tau\} ;$$

$$H_\tau := \{x \in \mathbb{R}^{n+1} : x_{n+1} \geq \tau\} ;$$

$$T_\tau := A_\tau \cap H_\tau ;$$

$$u_\tau(x) = \begin{cases} 1 , & x \in \complement A_\tau \\ 0 , & x \in A_\tau \end{cases} .$$

Da A_τ bereits als Absorptionsmenge nachgewiesen ist und die Konstanten harmonisch sind, so ist u_τ eine superharmonische Funktion. Folglich gilt $R_1^{H_\tau} \leq \inf_{\tau' < \tau} u_{\tau'}$, woraus

$$R_1^{H_\tau}(x) = \begin{cases} 1 , & x \in H_\tau \\ 0 , & x \in \complement H_\tau \end{cases}$$

und somit $\hat{R}_1^{H_\tau} = u_\tau$ folgt $(\tau \in \mathbb{R})$. Folglich ist H_τ in allen Punkten

$x \in A_\tau$ dünn. Dann aber ist T_τ in allen Punkten aus A_τ, und wegen der Abgeschlossenheit auch in den Punkten $x \in \mathbb{R}^{n+1}$ mit $x_{n+1} > \tau$ dünn. Also ist T_τ total-dünn. T_τ ist aber nicht polar. Dies folgt aus 2.9.1, da $\complement T_\tau$ nicht zusammenhängend ist.

2) Wir bleiben im Standard-Beispiel (2) und betrachten die (abzählbare) Vereinigung S aller Mengen T_τ mit rationalem τ. Dann ist S semipolar. Es soll gezeigt werden, daß S nicht total-dünn ist. Hierzu zeigen wir, daß $R_1^{S \cap V}(x) = 1$ ist für alle $V \in \mathfrak{U}$ und alle $x \in V$. Dann ergibt sich

$$\inf_{V \in \mathfrak{U}(x)} \hat{R}_1^{S \cap V}(x) = 1$$

für alle $x \in \mathbb{R}^{n+1}$. Also ist S sogar in keinem Punkt $x \in \mathbb{R}^{n+1}$ dünn.

Sei also $V \in \mathfrak{U}$ und $x \in V$. Sei ferner u eine Funktion aus ${}_{+}\mathcal{X}_X^*$ mit $u(y) \geq 1$ für alle $y \in S \cap V$. Zu zeigen ist $u(x) \geq 1$. Hierzu betrachten wir einen Standard-Kreiskegel Δ_o mit folgenden Eigenschaften:

1. $x \in \Delta_o$.

2. Die Spitze von Δ_o stimmt in den ersten n Koordinaten mit x überein.

3. Die Basis von Δ_o hat eine rationale (n+1)-te Koordinate r_o, ist also eine Teilmenge von S.

4. Der Durchmesser von Δ_o ist kleiner als der Abstand des Punktes x von $\complement V$. Insbesondere ist also $\Delta_o \subset V$.

Es gibt nun ein $f_o \in \mathcal{C}(\Delta_o^*)$ mit $0 \leq f_o \leq 1$, $f_o(z) = 0$ für alle $z \in \Delta_o^*$ außerhalb der Bais von Δ_o und $f_o(x^*) = 1$, wenn x^* die orthogonale Projektion von x auf die Basis von Δ_o bezeichnet. Es gilt dann $u \geq f_o$ auf Δ_o^* und somit $u(y) \geq H_{f_o}^{\Delta_o}(y)$ für alle $y \in \Delta_o$. Außerdem ist

$\lim_{y\to x^*} H_{f_o}^{\Delta_o}(y) = f_o(x^*) = 1$. Für beliebige $r \in Q_x := \mathbb{Q} \cap [r_o, x_{n+1}[$ sei nun $\sigma_r : \mathbb{R}^{n+1} \to \mathbb{R}^{n+1}$ die Translation $y = (y_1, \ldots, y_{n+1}) \longrightarrow \sigma_r(y) = (y_1, \ldots, y_n, y_{n+1} + r - r_o)$ sowie $\Delta_r = \sigma_r(\Delta_o)$ und $f_r = f_o \circ \sigma_r^{-1}$. Dann gilt $H_{f_o}^{\Delta_o} \circ \sigma_r^{-1} = H_{f_r}^{\Delta_r}$, da die Wärmeleitungsgleichung gegenüber beliebigen Translationen des $\mathbb{R}^{n+1}$ invariant ist. Nach Wahl von Δ_o gilt: $x \in \Delta_r \subset V$, $u(z) \geq f_r(z)$ auf Δ_r^* und somit $u(y) \geq H_{f_r}^{\Delta_r}(y)$ für alle $y \in \Delta_r$. Hieraus aber folgt

$$u(x) \geq \sup_{r\in Q_x} H_{f_r}^{\Delta_r}(x) = \sup_{r\in Q_x} H_{f_o}^{\Delta_o}(x_1, \ldots, x_n, x_{n+1} - r + r_o)$$

$$\geq \lim_{y_{n+1}\to r_o+o} H_{f_o}^{\Delta_o}(x_1, \ldots, x_{n+1}, y_{n+1}) = 1. \mid$$

Der Begriff der semipolaren Menge erhält seine entscheidende Bedeutung durch den folgenden

Satz 3.3.4 (Konvergenzsatz). Für die untere Einhüllende $u_o = \inf \mathfrak{U}$ einer jeden nicht-leeren Menge $\mathfrak{U} \subset {}_+\mathfrak{X}_X^*$ ist die Menge

$$E := \{x \in X : \hat{u}_o(x) < u_o(x)\}$$

semipolar.

Beweis. Für jede natürliche Zahl n sei

$$E_n := \{x \in X : \hat{u}_o(x) < \inf(n, u_o(x) - n^{-1})\}.$$

Dann gilt $E = \bigcup_{n=1}^{\infty} E_n$. Es genügt daher zu zeigen, daß jede Menge E_n total-dünn ist. Seien hierzu $n \in \mathbb{N}$ und $x_o \in X$ beliebig gewählt. Wir zeigen die Existenz einer Umgebung V von x_o mit $\hat{R}_1^{E_n \cap V}(x_o) < 1$.

Zunächst werde $\hat{u}_o(x_o) = +\infty$, also $\lim_{x\to x_o} u_o(x) = +\infty$ angenommen. Dann gibt es ein $V \in \mathfrak{V}(x_o)$ mit $u_o(x) > n$ für alle $x \in V$. Hieraus folgt $\hat{u}_o(x) \geq n$ auf V und daher $E_n \cap V = \emptyset$. Folglich gilt $\hat{R}_1^{E_n \cap V} = 0$.

Im Falle $\hat{u}_o(x_o) < +\infty$ existiert ein $V \in \mathfrak{U}(x_o)$ mit $\hat{u}_o(x) > \hat{u}_o(x_o) - (2n)^{-1}$ für alle $x \in V$. Für die Punkte $x \in E_n \cap V$ ergibt sich sodann: $u_o(x) - \frac{1}{n} > \hat{u}_o(x) > \hat{u}_o(x_o) - \frac{1}{2n}$, also

$$u_o(x) > \hat{u}_o(x_o) + \frac{1}{2n} .$$

Mit der Abkürzung $ß := \hat{u}_o(x_o) + (2n)^{-1}$ haben wir also

$$\frac{u(x)}{ß} \geq \frac{u_o(x)}{ß} > 1 \qquad \text{für alle } x \in E_n \cap V \text{ und alle } u \in \mathfrak{U}.$$

Hieraus folgt $\frac{u}{ß} \geq R_1^{E_n \cap V}$ für alle $u \in \mathfrak{U}$, also $\frac{u_o}{ß} \geq R_1^{E_n \cap V}$, also $\frac{\hat{u}_o}{ß} \geq \hat{R}_1^{E_n \cap V}$. Dann aber folgt $\hat{R}_1^{E_n \cap V}(x_o) \leq \frac{\hat{u}_o(x_o)}{ß} < 1$. |

Der Konvergenzsatz besagt somit, daß die nahezu hyperharmonische Funktion u_o im Komplement einer semipolaren Menge mit einer hyperharmonischen Funktion, nämlich mit $\hat{u}_o$ übereinstimmt. Der Name rührt von dem Spezialfall her, wo $\mathfrak{U}$ aus den Elementen einer antitonen Folge in ${}_{+}\mathcal{H}_X^*$ besteht.

Korollar 3.3.5. Für jede Menge $E \subset X$ und jede numerische Funktion $f \geq 0$ auf X ist die Menge aller $x \in X$ mit $\hat{R}_f^E(x) < R_f^E(x)$ semipolar.

Korollar 3.3.6. Für jede Menge $E \subset X$ und jede Funktion $u \in {}_{+}\mathcal{H}_X^*$ ist die Menge aller $x \in E$ mit $\hat{R}_u^E(x) < u(x)$ semipolar.

Satz 3.3.7. Sei E eine beliebige Teilmenge von X. Dann ist die Menge E_d aller Punkte $x \in E$, in welchen E dünn ist, semipolar. Für alle $u \in {}_{+}\mathcal{H}_X^*$ und alle $x \in E \setminus E_d$ gilt $\hat{R}_u^E(x) = u(x) = R_u^E(x)$.

Beweis. Sei $\mathfrak{B}$ eine abzählbare Basis von X und sei p ein in $\mathcal{C}(X)$ gelegenes, strenges Potential. Dann gilt

$$E_d = \bigcup_{B \in \mathfrak{B}} \left\{ x \in E \cap B : \hat{R}_p^{E \cap B}(x) < p(x) \right\}$$

n ach Definition der Dünnheit. Nach 3.3.6 ist daher E_d semipolar.

Sei $x \in E$ ein Punkt mit $\hat{R}_u^E(x) < u(x)$, wobei u aus $_+\mathfrak{Y}_X^*$ sei. Wählt man $\alpha \in \mathbb{R}$ derart, daß $\hat{R}_u^E(x) < \alpha < u(x)$ gilt, so existiert ein $V \in \mathfrak{U}(x)$ mit $u(y) \geq \alpha$ für alle $y \in V$. Folglich ist $\hat{R}_\alpha^{E \cap V}(x) \leq \hat{R}_u^E(x) < \alpha$, also E dünn in x. Für alle Punkte $x \in E \setminus E_d$ muß somit $\hat{R}_u^E(x) = u(x) = R_u^E(x)$ sein. |

Bemerkungen. 1. In der Klassischen Potentialtheorie (Standard-Beispiel (1) für Dimensionen $n \geq 3$) fallen die drei Begriffe polar, total-dünn und semipolar zusammen. Insbesondere ist daher die Ausnahmemenge im Konvergenzsatz, der in diesem Spezialfall H. CARTAN zuzuschreiben ist, eine polare Menge.

Die entsprechende Aussage ist bereits für die Wärmeleitungsgleichung falsch. Mit den Bezeichnungen der obigen Beispiele gilt nämlich $T_\tau = \left\{ x \in \mathbb{R}^{n+1} : \hat{R}_1^{H_\tau}(x) < R_1^{H_\tau}(x) \right\}$ für alle $\tau \in \mathbb{R}$. Wir zeigten aber, daß T_τ nicht polar ist.

2. Eine total-dünne Menge besitzt keine inneren Punkte. Da X ein Bairescher Raum ist, besitzt daher jede semipolare Menge S, welche die Vereinigung einer Folge abgeschlossener, total-dünner Mengen ist, ein in X dichtes Komplement. Es wäre interessant zu wissen, ob diese Eigenschaft jede semi-polare Menge besitzt.

3. Auf dem Umweg über dieTheorie der Markoffschen Prozesse kann man einsehen, daß $A = \emptyset$ die einzige semipolare Absorptionsmenge A ist. Ein direkter Beweis hierfür wäre wünschenswert.

4. Es wäre wichtig zu wissen, ob die Dünnheit einer Menge E in einem Punkte x bereits durch dieGültigkeit von $\hat{R}_u^E(x) < u(x)$ für mindestens ein $u \in {}_+\mathcal{X}_X^*$ gekennzeichnet werden kann. Für Brelotsche harmonische Räume ist dies durch HERVÉ [21], p. 30 gezeigt worden. Man vergleiche hierzu auch 4.3.3 und die daran anschließende Bemerkung.

§ 4. Fegen von Maßen

Ausgangspunkt für die weiteren Überlegungen ist der folgende

Satz 3.4.1. Sei $\mu \geq 0$ ein Maß auf X mit kompaktem Träger. Dann existiert zu jeder Menge $E \subset X$ genau ein Maß $\mu^E \geq 0$ auf X derart, daß

$$\int p \, d\mu^E = \int \hat{R}_p^E \, d\mu$$

für alle Potentiale $p \in \mathcal{C}(X)$ gilt.

<u>Beweis.</u> Sei $\mathfrak{D}$ die Menge aller in $\mathcal{K}(X)$ gelegenen Differenzen p - q stetiger, reeller Potentiale p, q auf X. Dann ist $\mathfrak{D}$ ein nach dem Approximationssatz 2.7.4 in $\mathcal{K}(X)$ (bezüglich gleichmäßiger Konvergenz) dichter, linearer Unterraum von $\mathcal{K}(X)$. Nach 2.7.5 gibt es zu jeder kompakten Menge K ein $d_K \in \mathfrak{D}$ mit $d_K(x) > 0$ für alle $x \in K$ und $d_K \geq 0$. Nach BOURBAKI [11], p. 56 kann daher jede auf $\mathfrak{D}$ definierte, positive Linearform μ_o auf genau eine Weise zu einem positiven Maß auf X fortgesetzt werden.

Sind nun $d = p - q = p' - q'$ zwei Darstellungen einer Funktion $d \in \mathfrak{D}$, so folgt aus $p + q' = p' + q$ gemäß 3.1.3 die Gleichheit $\hat{R}_p^E + \hat{R}_{q'}^E = \hat{R}_{p'}^E + \hat{R}_q^E$. Alle hier auftretenden Gefegten $\hat{R}_t^E$ stetiger reeller Potentiale t werden durch t majorisiert und sind daher μ-integrierbar. Also gilt

$$\int (\hat{R}_p^E - \hat{R}_q^E)\, d\mu \quad = \quad \int (\hat{R}_{p'}^E - \hat{R}_{q'}^E)\, d\mu .$$

Setzen wir daher für $d = p - q \in \mathfrak{D}$

$$\mu_o(d) : = \quad \int (\hat{R}_p^E - \hat{R}_q^E)\, d\mu ,$$

so ist μ_o eine auf $\mathfrak{D}$ (wohl)definierte, positive Linearform. Somit gibt es genau ein Maß $\mu^E \geq 0$ auf X mit

$$\int (p-q)\, d\mu^E \quad = \quad \int (\hat{R}_p^E - \hat{R}_q^E)\, d\mu$$

für alle $p - q \in \mathfrak{D}$. Zu zeigen ist also nur noch, daß für das so gewonnene Maß $\int p\, d\mu^E = \int \hat{R}_p^E\, d\mu$ für alle Potentiale $p \in \mathfrak{C}(X)$ gilt.

Sei hierzu p ein solches Potential und sei $\mathfrak{W}$ eine Basis regulärer Mengen. Dann ist

$$\mathfrak{S}_p = \left\{ p_{V_1,\dots,V_n} : n \in \mathbb{N} ,\ V_1,\dots,V_n \in \mathfrak{W} \right\}$$

eine gesättigte Menge stetiger, reeller Potentiale mit $\inf \mathfrak{S}_p = 0$. Für jedes $q \in \mathfrak{S}_p$ liegt $p - q$ in $\mathfrak{D}$; ist nämlich $q = p_{V_1,\dots,V_n}$, so ist $p(x) = q(x)$ für alle x im Komplement der kompakten Menge $\overline{V}_1 \cup \dots \cup \overline{V}_n$. Da $\mathfrak{S}_p$ insbesondere absteigend filtrierend ist und p eine Majorante von $\mathfrak{S}_p$ ist, gilt (vgl. [11] , p. 145)

$$\inf_{q \in \mathfrak{S}_p} \int q\, d\mu^E \quad = \quad \inf_{q \in \mathfrak{S}_p} \int q\, d\mu = 0$$

und damit wegen $\hat{R}_q^E \leq q$ auch $\inf_{q \in \mathfrak{S}_p} \int \hat{R}_q^E\, d\mu = 0$. Aus der für alle $q \in \mathfrak{S}_p$ bestehenden Gleichheit $\int p\, d\mu^E - \int q\, d\mu^E = \int \hat{R}_p^E\, d\mu - \int \hat{R}_q^E\, d\mu$ folgt somit $\int p\, d\mu^E = \int \hat{R}_p^E\, d\mu$. |

<u>Bemerkung</u>. Wählt man am Schluß des Beweises $\mathfrak{W}$ abzählbar, so gibt es sogar eine antitone Folge (q_n) in $\mathfrak{S}_p$ mit $\inf q_n = 0$.

Korollar 3.4.2. Es gilt sogar $\int u\, d\mu^E = \int \hat{R}_u^E\, d\mu$ für alle Funktionen $u \in {}_+\mathcal{K}_X^*$.

Beweis. Die Behauptung folgt aus 2.5.8, wonach zu $u \in {}_+\mathcal{K}_X^*$ eine isotone Folge stetiger, reeller Potentiale (p_n) existiert mit $u = \sup p_n$. |

Definition. μ^E heißt das zu μ und E gehörige gefegte Maß. Wir sagen auch: μ^E entsteht aus μ durch Fegen auf E.

Beispiele: 1) Sei V eine reguläre Menge. Dann gilt nach 2.2.2 $\hat{R}_u^{\complement V} = u_V$ für alle $u \in {}_+\mathcal{K}_X^*$. Somit ergibt sich für die Punkte $x \in V$:

$$\int \hat{R}_u^{\complement V}\, d\varepsilon_x = \hat{R}_u^{\complement V}(x) = u_V(x) = \int u\, d\mu_x^V$$

Das harmonische Maß μ_x^V entsteht also aus ε_x durch Fegen auf $\complement V$.

2) Sei P eine polare Menge und μ ein Maß ≥ 0 mit kompaktem Träger. Dann ist $\hat{R}_u^P = 0$ für alle $u \in {}_+\mathcal{K}_X^*$ und daher $\mu^P = 0$.

Durch dieses Verhalten sind die polaren Mengen sogar gekennzeichnet. Ist nämlich $(\varepsilon_x)^P = 0$ für alle $x \in X$, so ist die Menge P polar. Sei nämlich p ein strenges Potential auf X. Dann gilt $\hat{R}_p^P(x) = \int \hat{R}_p^P d\varepsilon_x = \int p\, d(\varepsilon_x)^P = 0$ für alle $x \in X$. Nach 2.8.4 ist dann P polar.

Eigenschaften gefegter Maße: Im folgenden seien μ, ν positive Maße auf X mit kompaktem Träger; E bezeichne eine Teilmenge von X. Aus der Definition der gefegten Maße folgt dann:

(1) $$(\mu + \nu)^E = \mu^E + \nu^E;$$

(2) $$(\alpha\mu)^E = \alpha\mu^E \qquad (\alpha \in \mathbb{R}_+);$$

(3) $$\mu \leq \nu \Rightarrow \mu^E \leq \nu^E.$$

Es ist nämlich $\int (p-q)\, d(\nu^E - \mu^E) = \int (\hat{R}_p^E - \hat{R}_q^E)\, d(\nu - \mu) \geq 0$ für je zwei Potentiale $p, q \in \mathcal{P}(X)$ mit $p - q \geq 0$ und kompaktem $T(p-q)$.

Die Behauptung folgt dann aus dem Korollar 2.7.5 zum Approximationssatz.

(4) $\mu^E = \mu$, falls μ von der Menge $E \setminus E_d$ aller Punkte $x \in E$ getragen wird, in denen E nicht dünn ist.

Letzteres folgt aus 3.3.7, wonach $\hat{R}_u^E(x) = u(x)$ für alle $x \in E \setminus E_d$ und alle $u \in {}_+\mathcal{H}_X^*$ gilt. Hieraus folgt dann nämlich $\int u\,d\mu^E = \int \hat{R}_u^E\,d\mu = \int u\,d\mu$ für alle $u \in {}_+\mathcal{H}_X^*$, also $\mu^E = \mu$.

(5) Aus $\mu(\complement \overline{E}) > 0$ folgt $\int p\,d\mu^E < \int p\,d\mu$ für jedes strenge Potential p auf X.

Nach 2.3.5 ist $\hat{R}_p^E$ harmonisch in $\complement \overline{E}$; ferner gilt $\hat{R}_p^E \leq p$. Da p auf $\complement \overline{E}$ streng superharmonisch ist, gilt also sogar $\hat{R}_p^E(x) < p(x)$ für alle $x \in \complement \overline{E}$. Wegen $\mu(\complement \overline{E}) > 0$ liefert dies $\int p\,d\mu^E = \int \hat{R}_p^E\,d\mu < \int p\,d\mu$.

Tiefer liegen die folgenden Eigenschaften:

Satz 3.4.3. Stets wird μ^E von $(T\mu \cap \overset{\circ}{E}) \cup E^*$ getragen.

Beweis. Wir zerlegen den Träger $T\mu$ von μ in die Borelschen Mengen $E_1 := T\mu \cap \overset{\circ}{E}$ und $E_2 := T\mu \setminus \overset{\circ}{E}$. Setzt man dann $\mu_i = \chi_{E_i}\mu$ $(i=1,2)$, so ist $\mu = \mu_1 + \mu_2$ und daher $\mu^E = \mu_1^E + \mu_2^E$. Da μ_1 von $\overset{\circ}{E}$ getragen wird und offene Mengen in keinem ihrer Punkte dünn sind (vgl. 2.2.1), so ist $\mu_1^E = \mu_1$ nach obiger Eigenschaft (4). Folglich wird μ_1^E von $T\mu \cap \overset{\circ}{E}$ getragen. Zu zeigen ist somit noch, daß μ_2^E von E^* getragen wird. Dieser Nachweis erfolgt in zwei Schritten.

1. Es ist $\mu_2^E(\complement \overline{E}) = 0$. Wir beweisen dies, indem wir $\int f\,d\mu_2^E = 0$ für alle $f \in \mathcal{K}_+(X)$ mit $Tf \subset \complement \overline{E}$ nachweisen. Wegen des Approximationssatzes genügt es, f als Differenz stetiger, reeller

Potentiale anzunehmen: $f = p - q$. Dann aber stimmen p und q auf E überein, also gilt $\hat{R}_p^E = \hat{R}_q^E$. Hieraus folgt $\int f\, d\mu_2^E = \int (\hat{R}_p^E - \hat{R}_q^E) d\mu_2 = 0$

2. Es ist $u_2^E(\overset{\circ}{E}) = 0$. Es genügt zu zeigen, daß $\int (\hat{R}_p^E - \hat{R}_q^E) d\mu_2 = 0$ ist für alle Potentiale $p, q \in \mathfrak{C}(X)$, für welche $T(p-q)$ eine kompakte Teilmenge von $\overset{\circ}{E}$ ist. Wir beweisen hierzu $\hat{R}_p^E(x) = \hat{R}_q^E(x)$ für alle $x \in T\mu_2$.

Sei $\mathfrak{F}_p$ bzw. $\mathfrak{F}_q$ die Menge aller $u \in {}_+\mathcal{H}_X^*$, welche auf E mit p bzw. q übereinstimmen. Die Menge $Q := \{x \in X: p(x) \neq q(x)\}$ ist offen und relativ-kompakt; es gilt $\bar{Q} = T(p-q) \subset \overset{\circ}{E}$. Ferner ist $T\mu_2 \subset \complement \overset{\circ}{E} \subset \complement Q$. Wir zeigen die Gleichung $\hat{R}_p^E(x) = \hat{R}_q^E(x)$ sogar für alle $x \in \complement \bar{Q}$. Hierzu sei u eine beliebige Funktion aus $\mathfrak{F}_p$. Dann gibt es ein $v \in \mathfrak{F}_q$ mit $u(x) = v(x)$ für alle $x \in \complement Q$, etwa

$$v(y) = \begin{cases} u(y), & y \in \complement Q \\ q(y), & y \in Q \end{cases} = \begin{cases} u(y), & y \in \complement E \\ q(y), & y \in E \end{cases}.$$

Man hat nur zu beachten, daß v in den offenen Mengen $\overset{\circ}{E}$ und $\complement \bar{Q}$, also auch in $X = \overset{\circ}{E} \cup \complement \bar{Q}$ hyperharmonisch ist. Auf Grund dieser Beziehung zwischen $\mathfrak{F}_p$ und $\mathfrak{F}_q$ gilt $R_q^E(x) \leq R_p^E(x)$ für alle $x \in \complement Q$. Wertauschung von p und q liefert die duale Ungleichung, also die gesuchte Übereinstimmung von $\hat{R}_p^E$ und $\hat{R}_q^E$ auf $\complement \bar{Q}$. |

Satz 3.4.4. Sei (E_n) eine isotone Folge von Teilmengen von X und E deren Vereinigung. Für jedes Maß $\mu \geq 0$ auf X mit kompaktem Träger strebt dann (μ^{E_n}) vag gegen μ^E.

<u>Beweis.</u> Nach 3.2.7 gilt $\lim_{n\to\infty} \int \hat{R}_p^{E_n} d\mu = \int \hat{R}_p^E d\mu$ für jedes stetige reelle Potential p auf X. Für je zwei Potentiale $p, q \in \mathfrak{C}(X)$, deren Differenz einen kompakten Träger besitzt, ergibt sich dann

$$\lim_{n\to\infty} \int (p-q)\, d\mu^{E_n} = \int (p-q)\, d\mu^E.$$

Ist nun f eine Funktion aus $\mathcal{K}_+(X)$ und K der kompakte Träger von f, so gibt es gemäß 2.7.5 zu jedem $\varepsilon > 0$ Potentiale $p, q \in \mathcal{P}(X)$ mit

$$0 = p - q \leq f \leq p - q + \varepsilon \; .$$

Außerdem gibt es ein Potential $p_K \in \mathcal{P}(X)$, welches auf K nur Werte ≥ 1 annimmt. Dann aber folgt

$$0 \leq p - q \leq f \leq p - q + \varepsilon p_K \; ,$$

woraus sich bei Beachtung des einleitend Gezeigten die Behauptung ergibt. |

Satz 3.4.5. Sei (μ_n) eine isotone Folge positiver Maße auf X, welche vag gegen ein Maß μ mit kompaktem Träger konvergiert. Für jede Menge $E \subset X$ ist dann μ^E der vage Limes der Folge (μ_n^E).

<u>Beweis.</u> Für je zwei Potentiale $p, q \in \mathcal{P}(X)$ mit $p - q \in \mathcal{K}(X)$ gilt nach Voraussetzung

$$\int (p-q)\, d(\mu^E - \mu_n^E) = \int (\hat{R}_p^E - \hat{R}_q^E)\, d(\mu - \mu_n) \; .$$

Es genügt also zu zeigen, daß $\lim\limits_{n \to \infty} \int \hat{R}_p^E \, d\mu_n = \int \hat{R}_p^E \, d\mu$ für jedes Potential $p \in \mathcal{P}(X)$ ist. Dann führt man den Beweis ganz analog wie den vom vorausgehenden Satz zu Ende. Nur hat man für kompaktes K anstelle von p_K eine in $\mathcal{K}_+(X)$ gelegene Differenz d_K stetiger, reeller Potentiale zu wählen, welche der Bedingung $d_K(x) \geq 1$ für alle $x \in K$ genügt.

Zum Beweis der Gleichheit $\lim\limits_{n \to \infty} \int \hat{R}_p^E d\mu_n = \int \hat{R}_p^E d\mu$ wähle man eine isotone Folge (φ_m) in $\mathcal{K}_+(X)$ mit $\hat{R}_p^E$ als oberer Einhüllenden. Dann ist $(m, n) \longrightarrow \int \varphi_m d\mu_n$ in m und n isoton; es gilt daher

$$\lim_{n \to \infty} \int \hat{R}_p^E d\mu_n = \sup_n \int \hat{R}_p^E d\mu_n = \sup_n \sup_m \int \varphi_m d\mu_n$$

$$= \sup_m \sup_n \int \varphi_m d\mu_n = \sup_m \int \varphi_m d\mu = \int \hat{R}_p^E d\mu.$$

Damit ist der Satz bewiesen. |

Bemerkungen. 1. Nach § 2 gilt $R_u^E = R^E_{R_u^E}$ für alle $u \in {}_+\mathcal{T}^*_X$ und alle $E \subset X$. Diese Eigenschaft überträgt sich zwar im Falle des Standard-Beispiels (1) für Dimensionen $n \geq 3$ sowie für allgemeinere Brelotsche harmonische Räume auf die Gefegten (vgl. HERVÉ [21]); sie überträgt sich aber schon nicht im Falle des Standard-Beispiels (2). In den Beispielen des § 3 wurde für $T_o = \{x \in \mathbb{R}^{n+1} : x_{n+1} = 0\}$ gezeigt, daß $\hat{R}_1^{T_o}(x) = 0$ für alle $x \in T_o$ gilt. Da T_o nicht polar ist, gilt aber $\hat{R}_1^{T_o} \neq 0$. Nach 3.4.3 wird $(\varepsilon_y)^{T_o}$ für jedes $y \in \mathbb{R}^{n+1}$ von $\overline{T}_o = T_o$ getragen. Daher gilt

$$\hat{R}^{T_o}_{\hat{R}_1^{T_o}}(y) = \int \hat{R}_1^{T_o} d(\varepsilon_y)^{T_o} = 0 \text{ für alle } y \in \mathbb{R}^{n+1}.$$ Somit ist

$$\hat{R}_1^{T_o} \neq \hat{R}^{T_o}_{\hat{R}_1^{T_o}} .$$

2. Auf dem Wege über die Theorie der Markoffschen Prozesse (vgl. Anhang) kann man nachweisen, daß jedes gefegte Maß μ^E vom feinen Abschluß von E getragen wird. Hierfür fehlt bislang noch ein direkter Beweis.

IV. DIRICHLETSCHES PROBLEM

Im folgenden behandeln wir das Dirichletsche Problem, d.h. die erste Randwertaufgabe für eine offene, relativ-kompakte Menge $U \neq \emptyset$ in einem streng harmonischen Raum X. Alle Resultate, welche die Beziehung zwischen Randfunktionen $f: U^* \longrightarrow \overline{\mathbb{R}}$ und harmonischen Funktionen in U betreffen, gelten aber sogar in einem beliebigen harmonischen Raum. Um dies einzusehen, hat man den Gesamtraum nur durch eine offene, relativ-kompakte Umgebung von $\overline{U}$ zu ersetzen. Nach 2.5.5 ist diese dann ein streng harmonischer Raum.

§ 1. Verallgemeinerte Lösungen

Das zu einer regulären Menge V und einem Punkt $x \in V$ gehörige harmonische Maß μ_x^V ist nach III, § 4, Beispiel 1 das zu ε_x und $\complement V$ gehörige gefegte Maß : $\mu_x^V = (\varepsilon_x)^{\complement V}$.

Für jeden Punkt x der gegebenen Menge $U \in \mathfrak{U}_c$ ist $(\varepsilon_x)^{\complement U}$ gemäß 3.4.4 ein vom Rand $U^* = (\complement U)^*$ getragenes, positives Maß. Es liegt daher nahe, zu definieren:

Definition. Für jeden Punkt $x \in U$ heißt $\mu_x^U := (\varepsilon_x)^{\complement U}$ das zu x und $U \in \mathfrak{U}_c$ gehörige harmonische Maß.

Es soll gezeigt werden, daß sich die neuen harmonischen Maße ähnlich wie die bislang behandelten, speziellen harmonischen Maße verhalten.

Satz 4.1.1. Für jedes $f \in \mathcal{C}(U^*)$ ist die Funktion

$$x \longrightarrow \int f\, d\mu_x^U$$

harmonisch in U.

Beweis. Die Behauptung ist zunächst richtig, wenn f die Restriktion einer Funktion $s \in {}_+\mathcal{S}_X$ auf U ist. Nach 2.3.5 ist nämlich $R_s^{\complement U}$ harmonisch in U; es gilt aber

$$\int f\, d\mu_x^U = \int s\, d\mu_x^U = \int \hat{R}_s^{\complement U}\, d\varepsilon_x = \hat{R}_s^{\complement U}(x) = R_s^{\complement U}(x)$$

für alle $x \in U$. - Setzen wir $\mathcal{S} := {}_+\mathcal{S}_X \cap \mathcal{C}(X)$, so kann jede Funktion $f \in \mathcal{C}(U^*)$ nach dem Approximationssatz 2.7.4 durch Funktionen aus $\mathcal{S} - \mathcal{S}$ gleichmäßig approximiert werden. Ferner gibt es ein $s_o \in \mathcal{S}$ (sogar ein Potential) mit $s_o(y) \geq 1$ für alle $y \in U^*$. Ist also $\varepsilon > 0$ gegeben, so existieren Funktionen $s, t \in \mathcal{S}$ mit $|f - (s-t)| \leq \varepsilon \leq \varepsilon s_o$ auf U^*. Hieraus ergibt sich

$$\left| \int f\, d\mu_x^U - \int s\, d\mu_x^U + \int t\, d\mu_x^U \right| = \varepsilon \int s_o\, d\mu_x^U = \varepsilon R_{s_o}^{\complement U}(x)$$

$$\leq \varepsilon s_o(x) \leq \varepsilon \sup s_o(\overline{U})$$

für alle $x \in U$. Also wird $x \longrightarrow \int f\, d\mu_x^U$ auf U gleichmäßig durch Funktionen $x \longrightarrow \int (s-t)\, d\mu_x^U$ mit $s, t \in \mathcal{S}$ approximiert. Letztere sind nach dem einleitend Gezeigten aber harmonisch. Also ist auch $x \longrightarrow \int f\, d\mu_x^U$ harmonisch in U. |

Korollar 4.1.2. Sei f eine numerische Funktion auf U^* derart, daß für die Punkte x einer in U dichten Menge das Oberintegral $\int^* f\, d\mu_x^U$ endlich ist. Dann ist die Funktion

$$x \longrightarrow \int^* f\, d\mu_x^U \qquad (x \in U)$$

harmonisch in U und für beschränktes f beschränkt.

Beweis. Wir zeigen zunächst, daß mit f auch $x \longrightarrow \int^* f\, d\mu_x^U$ eine beschränkte Funktion ist. Es genügt offenbar, den Fall f = 1 zu betrachten. Man wähle dann eine stetige, reelle superharmonische Funktion $s_o \geq 0$ auf X mit $s(y) \geq 1$ für alle $y \in U^*$. Dann ist

$\int d\,\mu_x^U \leq \int s\,d\mu_x^U = \hat{R}_s^{\complement U}(x) \leq s(x)$ für alle $x \in U$, woraus die Beschränktheit folgt. Nach dieser Vorbereitung ergibt sich der Rest der Behauptung, indem man die im Beweis der Sätze 1.1.7 und 1.1.8 (Beweisteil III $\Rightarrow$ III') durchgeführten Schlüsse wiederholt. Die dortige reguläre Menge V ist dabei durch U zu ersetzen. |

Korollar 4.1.3. Sei f eine numerische Funktion auf U^*, welche für die Punkte x einer in U dichten Teilmenge μ_x^U-integrierbar ist. Dann ist f μ_x^U-integrierbar für alle $x \in U$, und die Funktion

$$x \longrightarrow \int f\,d\mu_x^U$$

ist harmonisch in U.

Beweis. Man wiederhole die im Beweisteil III' $\Rightarrow$ III'' in 1.1.8 durchgeführten Schlüsse. |

Für eine reguläre Menge U und eine Funktion $f \in \mathfrak{C}(U^*)$ ist $x \longrightarrow \int f\,d\mu_x^U$ die Lösung der ersten Randwertaufgabe mit f als Randfunktion. Wir definieren daher jetzt für die beliebige Menge $U \in \mathfrak{U}_c$:

Definition. Sei f eine numerische Funktion auf U^*, welche für alle $x \in U$ μ_x^U-integrierbar ist. Dann heißt $x \longrightarrow \int f\,d\mu_x^U$ die zu f gehörige verallgemeinerte Lösung des Dirichletschen Problems.

Im folgenden konstruieren wir die verallgemeinerten Lösungen nach der (im Falle der klassischen Potentialtheorie) auf O. Perron, N. Wiener und M. Brelot zurückgehenden Methode der Ober- und Unterfunktionen (PWB-Methode). Dabei wird die relative Kompaktheit von U in der Form des Randminimum-Prinzips für hyperharmonische Funktionen entscheidend ausgenützt.

Definition. Zu einer numerischen Funktion f auf U^* gehörige Oberfunktion (in U) heißt jede Funktion $u \in \mathfrak{X}^*_U$, welche den Randbedingungen

$$\liminf_{x \to z, x \in U} u(x) \geq f(z) \quad \text{und} > -\infty$$

für alle $z \in U^*$ genügt. +)

Stets ist die Konstante $+\infty$ eine zu f gehörige Oberfunktion. Die untere Einhüllende aller zu f gehörigen Oberfunktionen wird mit

$$\overline{H}_f = \overline{H}_f^U$$

bezeichnet. Zu f gehörige Unterfunktion heißt jede Funktion -u, für welche u eine zu -f gehörige Oberfunktion ist. Dann ist

$$\underline{H}_f = \underline{H}_f^U := -\overline{H}_{-f}$$

die obere Einhüllende aller zu f gehörigen Unterfunktionen.

Es ergeben sich sofort erste Eigenschaften der Funktionen $\overline{H}_f$ und $\underline{H}_f$ für beliebige numerische Randfunktionen f:

1. $\underline{H}_f \leq \overline{H}_f$.

Zum Beweis sei u eine Ober- und v eine Unterfunktion zu f. Dann liegt u - v in $\mathfrak{X}^*_U$, und es gilt $\liminf_{x \to z} (u-v)(x) \geq 0$ für alle $z \in U^*$. Nach dem Randminimum-Prinzip 1.3.7 ist dann $u - v \geq 0$, also $v \leq u$.

2. $\lambda \overline{H}_f = \overline{H}_{\lambda f}$ $\quad (\lambda \in \mathbb{R}_+)$.

3. $\overline{H}_{f+g} \leq \overline{H}_f + \overline{H}_g$

(falls f+g überall auf U^* und $\overline{H}_f + \overline{H}_g$ überall auf U definiert ist).

4. $f \leq g \Rightarrow \overline{H}_f \leq \overline{H}_g$ und $\underline{H}_f \leq \underline{H}_g$.

Ein erster Zusammenhang mit dem Vorangehenden wird hergestellt durch

---

+) Die Bedingung $\liminf_{x \to z, x \in U} u(x) > -\infty$ für alle $z \in U^*$ ist äquivalent mit der Beschränktheit von u nach unten.

Satz 4.1.4. Ist f die Restriktion auf U^* einer Funktion $u \in {}_+\mathcal{H}^*_X$, so gilt

$$\overline{H}_f = \mathrm{Rest}_U\, \hat{R}_u^{\complement U} = \mathrm{Rest}_U\, R_u^{\complement U} .$$

Beweis. Ist v eine zu f gehörige Oberfunktion, so setze man

$$w(x) = \begin{cases} u(x) , & x \in \complement U \\ \inf(u(x), v(x)), & x \in U \end{cases}$$

Nach 1.3.10 liegt dann w in ${}_+\mathcal{H}^*_X$. Also folgt $R_u^{\complement U}(x) \leq w(x) \leq v(x)$ und hieraus

$$R_u^{\complement U}(x) \leq \overline{H}_f(x) \qquad \text{für alle } x \in U.$$

Ist andererseits $v \in {}_+\mathcal{H}^*_X$ eine u in $\complement U$ majorisierende Funktion, so ist $\mathrm{Rest}_U v$ eine zu f gehörige Oberfunktion. Für alle $z \in U^*$ gilt nämlich

$$\liminf_{x \to z, x \in U} v(x) \geq \liminf_{x \to z} v(x) = v(z) \geq u(z) = f(z) \geq 0.$$

Also gilt $\overline{H}_f \leq v$ auf U für alle derartigen v, was $\overline{H}_f \leq R_u^{\complement U}$ auf U zur Folge hat. Somit ist $\overline{H}_f = \mathrm{Rest}_U\, R_u^{\complement U}$. Der Rest der Behauptung folgt aus 3.3.1. |

Ist für eine Funktion $f \in \mathcal{C}(U^*)$ das Dirichletsche Problem lösbar, existiert also ein in U harmonisches $h \in \mathcal{C}(\overline{U})$ mit $h(z) = f(z)$ auf U^*, so ist $\mathrm{Rest}_U h$ eine zu f gehörige Ober- und Unterfunktion. Es gilt daher $\overline{H}_f(x) = \underline{H}_f(x) = h(x)$ für alle $x \in U$. Die Funktion f ist daher ein Beispiel einer resolutiven Randfunktion:

Definition. Eine numerische Funktion f auf U^* heißt <u>resolutiv</u>, wenn die Funktionen $\overline{H}_f$ und $\underline{H}_f$ auf U zusammenfallen und endlich sind. Man setzt dann $H_f := \overline{H}_f = \underline{H}_f$.

Satz 4.1.5. Jede Funktion $f \in \mathcal{C}(U^*)$ ist resolutiv. Für alle

$x \in U$ gilt $H_f(x) = \int f \, d\mu_x^U$.

<u>Beweis.</u> (a) Sei $\mathfrak{R}$ die Menge aller resolutiven $f \in \mathfrak{C}(U^*)$. Für $f, g \in \mathfrak{R}$ gilt $H_f + H_g \leq \underline{H}_{f+g} \leq \overline{H}_{f+g} \leq H_f + H_g$; daher ist auch $f + g$ eine Funktion aus $\mathfrak{R}$, und es gilt $H_{f+g} = H_f + H_g$. Aus der Eigenschaft 3 folgt, daß mit f auch λf in $\mathfrak{R}$ liegt und $H_{\lambda f} = \lambda H_f$ ist ($\lambda \in \mathbb{R}$). Also ist $\mathfrak{R}$ ein linearer Unterraum von $\mathfrak{C}(U^*)$ und $f \longrightarrow H_f$ eine positive lineare Abbildung von $\mathfrak{R}$ in $\mathcal{H}_U$. Wir zeigen, daß $\mathfrak{R}$ bezüglich gleichmäßiger Konvergenz abgeschlossen ist. Sei hierzu h harmonisch in einer Umgebung von $\overline{U}$ und $h(x) \geq 1$ auf $\overline{U}$. Zu $f \in \overline{\mathfrak{R}}$ und $\varepsilon > 0$ gibt es dann ein $g \in \mathfrak{R}$ mit $|f-g| \leq \varepsilon \leq \varepsilon h$, also mit

$$g - \varepsilon h \leq f \leq g + \varepsilon h$$

auf U^*. Hieraus folgt

$$H_g - \varepsilon h = H_{g-\varepsilon h} \leq \underline{H}_f \leq \overline{H}_f \leq H_{g+\varepsilon h} = H_g + \varepsilon h$$

und somit $\overline{H}_f - \underline{H}_f \leq 2\varepsilon h$ auf U. Da h auf U beschränkt ist, folgt $f \in \mathfrak{R}$.

(b) Sei $\mathcal{S} := {}_+\mathcal{S}_X \cap \mathfrak{C}(X)$ und s eine Funktion aus $\mathcal{S}$. Nach 4.1.4 ist $\overline{H}_{s^*}$ für $s^* = \mathrm{Rest}_{U^*} s$ harmonisch in U; ferner wird $\overline{H}_{s^*}$ auf U durch s majorisiert. Für alle $z \in U^*$ gilt daher

$$\limsup_{x \to z} \overline{H}_{s^*}(x) \leq \limsup_{x \to z,\, x \in U} s(x) = s(z).$$

Also ist $\overline{H}_{s^*}$ eine zu s^* gehörige Unterfunktion und daher $\overline{H}_{s^*} \leq \underline{H}_{s^*}$. Somit gilt $\underline{H}_{s^*} = \overline{H}_{s^*}$ nach Eigenschaft 1, d.h. s^* liegt in $\mathfrak{R}$. Nach dem Approximationssatz ist $\mathrm{Rest}_{U^*} \mathcal{S}$ eine totale Teilmenge von $\mathfrak{C}(U^*)$. Wegen $\mathrm{Rest}_{U^*} \mathcal{S} \subset \mathfrak{R}$ und der Abgeschlossenheit von $\mathfrak{R}$ ergibt sich dann schließlich die Gleichheit von $\mathfrak{R}$ und $\mathfrak{C}(U^*)$.

(c) Für jeden Punkt $x \in U$ ist einerseits μ_x^U, andererseits $f \longrightarrow H_f(x)$ ein positives Maß auf U^*. Für Funktionen $s \in \mathcal{S}$ und deren Restriktion s^* auf U^* gilt nach 4.1.4

$$H_{s^*}(x) = \hat{R}_s^{\complement U}(x) = \int s^* d\mu_x^U .$$

Beide Radon-Maße stimmen also auf der nach (b) in $\mathcal{C}(U^*)$ totalen Menge $\mathrm{Rest}_{U^*} \mathcal{S}$ überein. Hieraus folgt die Behauptung. |

Zur Vorbereitung des Hauptsatzes über die Beziehungen zwischen den harmonischen Maßen und $\overline{H}_f$ zeigen wir noch

Lemma 4.1.6. Sei (f_n) eine isotone Folge numerischer Funktionen auf U^* derart, daß alle Funktionen $\overline{H}_{f_n}$ harmonisch in U sind. Dann gilt

$$\overline{H}_{\sup f_n} = \sup \overline{H}_{f_n} .$$

Beweis. Sei $f := \sup f_n$. Dann ist $f_n \leq f$, also $\overline{H}_{f_n} \leq \overline{H}_f$ für alle n, also $\sup \overline{H}_{f_n} \leq \overline{H}_f$. Zum Beweis der dualen Ungleichung sei y ein Punkt aus U und $\varepsilon > 0$ eine reelle Zahl. Dann existieren Oberfunktionen u_n zu f_n mit $u_n(y) - \overline{H}_{f_n}(y) \leq \varepsilon\, 2^{-n}$. Setzen wir

$$w := \sup \overline{H}_{f_n} + \sum_{n=1}^{\infty} (u_n - \overline{H}_{f_n}),$$

so ist w in U hyperharmonisch und $w \geq \overline{H}_{f_n} + u_n - \overline{H}_{f_n} = u_n$. Also ist w eine zu jedem f_n und damit zu f gehörige Oberfunktion. Dann aber gilt $w \geq \overline{H}_f$ und insbesondere $\overline{H}_f(y) \leq w(y) \leq \sup \overline{H}_{f_n}(y) + \varepsilon$. Hieraus folgt die gesuchte duale Ungleichung in y. |

Satz 4.1.7. Für jede numerische Funktion f auf U^* gilt

$$\overline{H}_f(x) = \int^* f\, d\mu_x^U \qquad \text{für alle } x \in U.$$

Beweis. Für $f \in \mathcal{C}(U^*)$ ist die Behauptung in 4.1.5 enthalten. Für eine nach unten halbstetige, nach unten beschränkte Funktion f ergibt sich die Behauptung wie folgt: Da X eine abzählbare Basis besitzt, existiert dann eine isotone Folge (φ_n) in $\mathcal{C}(U^*)$ mit $f = \sup \varphi_n$.

Wegen des obigen Lemmas ist dann $\overline{H}_f(x) = \sup H_{\varphi_n}(x) = \sup \int \varphi_n \, d\mu_x^U =$ $= \int f \, d\mu_x^U = \int^* f \, d\mu_x^U$ für alle $x \in U$. Ist schließlich f beliebig, so bezeichne man mit Ψ die Menge aller nach unten halbstetigen, nach unten beschränkten Majoranten von f. Dann gilt einerseits

$$\int^* f \, d\mu_x^U = \inf_{\psi \in \Psi} \int \psi \, d\mu_x^U = \inf_{\psi \in \Psi} \overline{H}_\psi(x) \geq \overline{H}_f(x)$$

für alle $x \in U$. Ist andererseits u eine zu f gehörige Oberfunktion, so setze man $\psi(z) := \liminf_{x \to z} u(x)$ für beliebige $z \in U^*$. Dann ist ψ ein Element von Ψ und u auch eine zu ψ gehörige Oberfunktion. Folglich gilt für $x \in U$

$$\int^* f \, d\mu_x^U \leq \int \psi \, d\mu_x^U = \overline{H}_\psi(x) \leq u(x).$$

Indem man die untere Einhüllende aller dieser u bildet, folgt $\int^* f \, d\mu_x^U \leq \overline{H}_f(x)$. Also ist $\overline{H}_f(x) = \int^* f \, d\mu_x^U$ für alle $x \in U$. |

Korollar 4.1.8 (Resolutivitätssatz). Eine numerische Funktion f auf U^* ist genaü dann resolutiv, wenn f für alle $x \in U$ μ_x^U-integrierbar ist. Es gilt dann $H_f(x) = \int f \, d\mu_x^U$ für alle $x \in U$.

Beweis. Indem 4.1.7 auf f und -f Anwendung findet, erhält man

$$\overline{H}_f(x) = \int^* f \, d\mu_x^U \quad \text{und} \quad \underline{H}_f(x) = \int_* f \, d\mu_x^U$$

für alle $x \in U$. Hieraus folgt die Behauptung. |

Insbesondere haben wir damit die verallgemeinerten Lösungen mit den Funktionen H_f für resolutives f identifziert.

Korollar 4.1.9. Für jeden Punkt $x \in U$ und jede Funktion $u \in \mathfrak{X}_X^*$ gilt $\int u \, d\mu_x^U \leq u(x)$.

Beweis. Man hat nur zu bemerken, daß $\mathrm{Rest}_U u$ eine zu $\mathrm{Rest}_{U^*} u$ gehörige Oberfunktion ist. |

Das Korollar besagt insbesondere, daß das Maß μ_x^U harmonisch bezüglich x im Sinne von II, § 7 ist.

§ 2. Reguläre Randpunkte.

Die Frage nach der Lösbarkeit des Dirichletschen Problems für alle Randfunktionen $f \in \mathcal{C}(U^*)$ legt folgende Begriffsbildung nahe:

Definition. Ein Randpunkt $z \in U^*$ heißt regulär (bezüglich U), wenn für alle $f \in \mathcal{C}(U^*)$ gilt

$$\lim_{x \to z} H_f(x) = f(z).$$

Die genannte Bedingung besagt nichts anderes, als daß $\lim_{x \to z} \mu_x^U = \varepsilon_z$ in der vagen Topologie der Maße auf U^* gilt.

Satz 4.2.1. U ist genau dann regulär, wenn alle Randpunkte $z \in U^*$ regulär sind.

Beweis. Aus der Definition einer regulären Menge folgt, daß derenRandpunkte sämtlich regulär sind. Seien umgekehrt alle Randpunkte von U regulär. Für jedes $f \in \mathcal{C}(U^*)$ ist dann die verallgemeinerte Lösung H_f eine stetige Fortsetzung von f, welche in U harmonisch ist. Nach dem Randminimum-Prinzip 1.3.7 ist eine solche Fortsetzung nur auf höchstens eine Art möglich. Aus $f \geq 0$ folgt ferner $H_f \geq 0$. Somit ist U eine reguläre Menge. |

Lemma 4.2.2. Für einen Punkt $z \in U^*$ sei $\mathcal{N}_z$ die Menge aller $f \in \mathcal{C}(U^*)$ mit $f(z) = 0$. Eine Menge $\mathcal{T} \subset \mathcal{C}(U^*)$ sei entweder total in $\mathcal{C}(U^*)$ oder in $\mathcal{N}_z$. Dann ist die Bedingung

$$\lim_{x \to z} H_t(x) = t(z) \qquad \text{für alle } t \in \mathcal{T}$$

notwendig und hinreichend für die Regularität von z.

Beweis. Zu zeigen ist nur, daß die Bedingung hinreichend ist. Nach 4.1.2 ist $\sup_{x \in U} \int d\mu_x^U < +\infty$. Aus der genannten Bedingung folgt daher $\lim_{x \to z} H_f(x) = f(z)$ für alle Funktionen f aus dem von $\mathcal{T}$ erzeugten abgeschlossenen, linearen Unterraum $\mathcal{T}'$ von $\mathcal{C}(U^*)$. Somit ist z regulär, wenn $\mathcal{T}' = \mathcal{C}(U^*)$ ist. Im Falle $\mathcal{T}' = \mathcal{N}_z$ schließt man wie folgt weiter: Sei h eine in einer (relativ kompakten) offenen Umgebung von $\overline{U}$ strikt positive, harmonische Funktion und h^* deren Restriktion auf U^*. Zu $f \in \mathcal{C}(U^*)$ gibt es dann ein $\alpha \in \mathbb{R}$ mit $f - \alpha h^* \in \mathcal{N}_z$. Daher gilt

$$0 = \lim_{x \to z} H_{f - \alpha h^*}(x) = \lim_{x \to z} (H_f(x) - \alpha h(x)),$$

woraus $\lim_{x \to z} H_f(x) = \alpha h(z) = f(z)$ folgt. Also ist auch in diesem Falle z regulär. |

Lemma 4.2.3. Sei z ein regulärer Randpunkt von U. Dann gilt für jede nach oben beschränkte, numerische Funktion f auf U^*:

$$\limsup_{\substack{x \to z \\ x \in U}} \overline{H}_f(x) \leq \limsup_{\substack{y \to z \\ y \in U^*}} f(y).$$

Beweis. Sei $\alpha := \sup f(U^*)$ und $\beta := \limsup_{y \to z} f(y)$. Es ist dann $-\infty \leq \beta \leq \alpha < +\infty$. Zu jeder reellen Zahl $\beta' > \beta$ gibt es eine Umgebung W von z in U^* mit $f(y) \leq \beta'$ für alle $y \in W$. Folglich gibt es eine Funktion $\varphi \in \mathcal{C}(U^*)$ mit $\beta' \leq \varphi \leq \sup(\beta', \alpha)$ derart, daß $\varphi(z) = \beta'$ und $\varphi(y) = \sup(\beta', \alpha)$ für alle $y \in U^* \setminus W$ ist. Es gilt dann $f \leq \varphi$ und somit $\overline{H}_f \leq H_\varphi$. Hieraus folgt

$$\limsup_{x \to z} \overline{H}_f(x) \leq \lim_{x \to z} H_\varphi(x) = \varphi(z) = \beta'.$$

Beachtet man die Wahl von β', so folgt die Behauptung. |

Bemerkung. Das Lemma verliert seine Gültigkeit, wenn man die Voraussetzung der Beschränktheit von f nach oben fallen läßt. Vgl. hierzu BRELOT [12].

<u>Lemma 4.2.4.</u> Sei V eine nicht-leere, offene Teilmenge von U und f eine numerische Funktion auf U^*, für welche $\overline{H}_f^U$ harmonisch ist. Definiert man $g: V^* \longrightarrow \overline{\mathbb{R}}$ durch

$$g(z) = \begin{cases} f(z) \;, & z \in V^* \cap U^* \\ \overline{H}_f^U(z), & z \in V^* \cap U \end{cases},$$

so gilt $\overline{H}_g^V = \mathrm{Rest}_V \overline{H}_f^U$.

<u>Beweis.</u> Erstens gilt $\overline{H}_g^V \leq \mathrm{Rest}_V \overline{H}_f^U$. Sei nämlich u eine zu f gehörige Oberfunktion (auf U) und sei v deren Restriktion auf V. Für $z \in V^* \cap U^*$ ist dann

$$\liminf_{\substack{x \to z \\ x \in V}} v(x) \geq \liminf_{\substack{x \to z \\ x \in U}} u(x) \geq f(z) = g(z);$$

für $z \in V^* \cap U$ gilt

$$\liminf_{\substack{x \to z \\ x \in V}} v(x) \geq \liminf_{\substack{x \to z \\ x \in U}} u(x) = u(z) \geq \overline{H}_f^U(z) = g(z).$$

Folglich ist v eine zu g gehörige Oberfunktion und somit $u(x) = v(x) \geq \overline{H}_g^V(x)$ für alle $x \in V$. Da dies für jede Oberfunktion u von f gilt, folgt $\mathrm{Rest}_V \overline{H}_f^U \geq \overline{H}_g^V$.

Zweitens gilt $\overline{H}_g^V \geq \mathrm{Rest}_V \overline{H}_f^U$. Sei nämlich v eine zu g gehörige Oberfunktion. Definiert man $u: U \longrightarrow \overline{\mathbb{R}}$ durch

$$u(x) := \begin{cases} \overline{H}_f^U(x) \;, & x \in U \setminus V \\ \inf(\overline{H}_f^U(x), v(x)), & x \in V \end{cases},$$

so liegt u in $\mathcal{X}_U^*$ gemäß 1.3.10. Für alle $z \in V^* \cap U$ ist nämlich $\liminf_{x \to z} v(x) \geq g(z) = \overline{H}_f^U(z)$. Ist nun w eine zu f gehörige Oberfunktion, so betrachte man die wegen der Harmonizität von $\overline{H}_f^U$ in U hyperharmonische Funktion $w_1 := w + u - \overline{H}_f^U$. Wir zeigen, daß w_1 eine zu f gehörige Oberfunktion ist. Sei hierzu $A := \{x \in U: u(x) = \overline{H}_f^U(x)\}$ und

$B := \{x \in V : u(x) = v(x)\}$. Dann ist $U = A \cup B$. Für jeden Punkt $z \in U^*$ gilt einerseits (falls nämlich $z \in A^*$)

$$\liminf_{\substack{x \to z \\ x \in A}} w_1(x) = \liminf_{\substack{x \to z \\ x \in A}} w(x) \geqq \liminf_{x \to z} w(x) \geqq f(z)$$

und andererseits (falls $z \in B^*$)

$$\liminf_{\substack{x \to z \\ x \in B}} w_1(x) \geqq \liminf_{\substack{x \to z \\ x \in B}} u(x) = \liminf_{\substack{x \to z \\ x \in B}} v(x) \geqq \liminf_{\substack{x \to z \\ x \in V}} v(x) \geqq g(z) = f(z).$$

Also ist $\liminf_{x \to z} w_1(x) \geqq f(z)$ für alle $z \in U^*$. Ferner ist $w_1 \geqq w$ und somit mit w auch w_1 nach unten beschränkt. Nachdem nunmehr w_1 als zu f gehörige Oberfunktion nachgewiesen ist, folgt $w_1 \geqq \overline{H}_f^U$. Zu $x \in V$ und $\varepsilon > 0$ kann w insbesondere so gewählt werden, daß $w(x) \leqq \overline{H}_f^U(x) + \varepsilon$ gilt. Dann folgt $\overline{H}_f^U(x) \leqq w_1(x) \leqq v(x) + \varepsilon$ und hieraus $\overline{H}_f^U(x) \leqq v(x)$ für alle $x \in V$ und alle zu g gehörigen Oberfunktionen v. Dies aber liefert $\mathrm{Rest}_V \overline{H}_f^U \leqq \overline{H}_g^V$. |

Korollar 4.2.5. Ist die Funktion f resolutiv (bezüglich U), so ist die Funktion g aus 4.2.4 resolutiv bezüglich V, und es gilt

$$H_g^V = \mathrm{Rest}_V H_f^U .$$

Beweis. Nach 4.2.4 ist $\overline{H}_g^V = \mathrm{Rest}_V H_f^U$ und $\overline{H}_{-g}^V = \mathrm{Rest}_V H_{-f}^U$, also $\underline{H}_g^V = \mathrm{Rest}_V H_f^U$. Hieraus folgt die Behauptung. |

Nunmehr bereiten wir den entscheidenden Satz 4.2.8 vor, wonach die Regularität eines Randpunktes eine "lokale Eigenschaft" ist.

Satz 4.2.6. Sei z ein regulärer Randpunkt von U und sei V eine nicht-leere, offene Teilmenge von U. Dann ist z regulärer Randpunkt von V.

Beweis. Sei $\mathcal{S} := {}_{+}\mathcal{S}_X \cap \mathcal{C}(X)$. Für eine beliebige Funktion $u \in \mathcal{S}$ bezeichne u^* bzw. u^{**} deren Restriktion auf U^* bzw. V^*. Nach dem Approximationssatz ist $\{u^{**} : u \in \mathcal{S}\}$ total in $\mathcal{C}(V^*)$. Somit genügt es wegen 4.2.2 zu zeigen, daß $\lim\limits_{x \to z} H^V_{u^{**}}(x) = u(z)$ für alle $u \in \mathcal{S}$ gilt. Zunächst ist $\mathrm{Rest}_U u$ eine Oberfunktion zu u^* und daher $H^U_{u^*} \leq \mathrm{Rest}_U u$. Analog ergibt sich $H^U_{u^{**}} \leq \mathrm{Rest}_V u$ für alle $u \in \mathcal{S}$. Da $H^U_{u^*}$ harmonisch und $\leq u$ auf U ist, erweist sich $\mathrm{Rest}_V H^U_{u^*}$ als eine zu u^{**} gehörige Unterfunktion, was $\mathrm{Rest}_V H^U_{u^*} \leq H^V_{u^{**}} \leq \mathrm{Rest}_V u$ zur Folge hat. Für $x \to z$ $(x \in V)$ folgt dann

$$u(z) = \lim_{\substack{x \to z \\ x \in V}} H^U_{u^*}(x) \leq \liminf_{x \to z} H^V_{u^{**}}(x) \leq \limsup_{x \to z} H^V_{u^{**}}(x)$$

$$\leq \limsup_{\substack{x \to z \\ x \in V}} u(x) = u(z).$$

Somit gilt $\lim\limits_{x \to z} H^V_{u^{**}}(x) = u(z)$ für alle $u \in \mathcal{S}$. |

Korollar 4.2.7. Der Durchschnitt zweier regulärer Mengen V_1 und V_2 ist entweder leer oder selbst eine reguläre Menge.

Beweis. Sei $V_1 \cap V_2 \neq \emptyset$. Wegen $(V_1 \cap V_2)^* \subset V_1^* \cup V_2^*$ und Satz 4.2.6 sind dann alle Randpunkte von $V_1 \cap V_2$ regulär. Die Behauptung folgt daher aus 4.2.1. |

Satz 4.2.8. Sei z ein Randpunkt von U und sei V eine offene Umgebung von z. Genau dann ist z ein regulärer Randpunkt von U, wenn z ein regulärer Randpunkt von $U \cap V$ ist.

Beweis. Nach 4.2.6 ist z ein regulärer Randpunkt von $U \cap V$, sofern z ein regulärer Randpunkt von U ist. Sei daher umgekehrt z als Randpunkt von $W := U \cap V$ regulär. Nach 4.2.5 ist dann für jedes $f \in \mathscr{C}(U^*)$ die folgende Funktion $g: W^* \to \mathbb{R}$ resolutiv bezüglich W:

$$g(y) = \begin{cases} f(y) \quad , & y \in W^* \cap U^* \\ H_f^U(y), & y \in W^* \cap U \end{cases} .$$

Wegen $H_g^W = \mathrm{Rest}_W H_f^U$ ist die zu beweisende Gleichheit $\lim_{x \to z} H_f^U(x) = f(z)$ gleichbedeutend mit $\lim_{x \to z} H_g^W(x) = g(z)$. Da g beschränkt und stetig in z ist, gilt nach 4.2.3

$$\limsup_{x \to z} H_g^W(x) \leq g(z) \quad \text{und} \quad \limsup_{x \to z} H_{-g}^W(x) \leq -g(z).$$

Wegen $H_{-g}^W = -H_g^W$ ergibt dies zusammengefaßt gerade $\lim_{x \to z} H_g^W(x) = g(z)$. |

§ 3. Regularitätskriterien

Satz 4.3.1. Für jeden Randpunkt z von U sind folgende Aussagen gleichwertig:

(a) z ist regulär.

(b) $\complement U$ ist nicht dünn in z.

(c) $(\varepsilon_z)^{\complement U} = \varepsilon_z$.

Beweis. (a) $\Rightarrow$ (b): Wir zeigen, daß für alle Funktionen $u \in {}_+\mathcal{H}_X^*$ und alle Umgebungen T von z gilt: $\hat{R}_u^{T \cap \complement U}(z) = u(z)$. Dabei kann T ohne Beschränkung der Allgemeinheit als kompakt vorausgesetzt werden. Sei $W \in \mathfrak{U}_c$ mit $\overline{U} \cup T \subset W$. Dann ist $Q := W \setminus T \cap \complement U$ offen; Q^* ist die disjunkte Vereinigung von W^* und $(T \cap \complement U)^*$. Wir definieren $g: Q^* \to \overline{\mathbb{R}}_+$ durch

$$g(y) = \begin{cases} 0 \;, & y \in W^* \\ u(y) \;, & y \in (T \cap \complement U)^* . \end{cases}$$

Ist v eine u auf $T \cap \complement U$ majorisierende Funktion aus ${}_+\mathcal{H}^*_X$, so ist offenbar $\mathrm{Rest}_Q v$ eine zu g gehörige Oberfunktion. Daher gilt $\overline{H}^Q_g(x) \le v(x)$ für alle $x \in Q$. Da dies für alle v der genannten Art zutrifft, ergibt sich $\overline{H}^Q_g(x) \le R^{T \cap \complement U}_u(x)$ für alle $x \in Q$.

Nun gilt $V \cap Q = V \cap U$ für alle Umgebungen V von z mit $V \subset T$. Nach 4.2.8 ist daher z ein regulärer Randpunkt von Q. Wegen 4.2.3 liefert daher die letzte Ungleichung

$$\liminf_{\substack{x \to z \\ x \in Q}} R^{T \cap \complement U}_u(x) \ge \liminf_{\substack{x \to z \\ x \in Q}} \overline{H}^Q_g(x) \ge \liminf_{\substack{x \to z \\ x \in Q}} \underline{H}^Q_g(x)$$

$$\ge \liminf_{y \to z} g(y) \ge u(z).$$

Außerdem gilt wegen $W \cap \complement Q = T \cap \complement U$

$$\liminf_{\substack{x \to z \\ x \in \complement Q}} R^{T \cap \complement U}_u(x) = \liminf_{\substack{x \to z \\ x \in W \cap \complement Q}} R^{T \cap \complement U}_u(x) = \liminf_{\substack{x \to z \\ x \in T \cap \complement U}} u(x) \ge u(z).$$

Daher ist $\hat{R}^{T \cap \complement U}_u(z) \ge u(z)$, woraus die behauptete Gleichheit folgt. Die Menge $\complement U$ ist somit nicht dünn in z.

(b) $\Rightarrow$ (c): Dies folgt unmittelbar aus (4), S. 116, indem man dort $\mu = \varepsilon_z$ und $E = \complement U$ wählt.

(c) $\Rightarrow$ (a): Die Aussage (c) besagt, daß $\hat{R}^{\complement U}_u(z) = u(z)$ für alle $u \in {}_+\mathcal{H}^*_X$, insbesondere also für alle $u \in \mathcal{S} := {}_+\mathcal{H}^*_X \cap \mathcal{C}(X)$ gilt. Für die Funktionen $u \in \mathcal{S}$ gilt nach 4.1.4 auch $R^{\complement U}_u(x) = H^U_{u^*}(x)$ für alle $x \in U$, wenn hierbei u^* die Restriktion von u auf U^* bezeichnet. Für alle $u \in \mathcal{S}$ folgt nunmehr

$$\liminf_{x \to z} H^U_{u^*}(x) = \liminf_{\substack{x \to z \\ x \in U}} R^{\complement U}_u(x) \ge \hat{R}^{\complement U}_u(z) = u(z).$$

Andererseits ist u eine zu u^* gehörige Randfunktion und somit $H^U_{u^*} \leq u$ auf U, also

$$\limsup_{x \to z} H^U_{u^*}(x) \leq \limsup_{\substack{x \to z \\ x \in U}} u(x) = u(z).$$

Beides zusammen ergibt $\lim_{x \to z} H^U_{u^*}(x) = u^*(z)$. Da die Menge aller Funktionen $u^* = \mathrm{Rest}_{U^*} u$ mit $u \in \mathcal{S}$ total in $\mathcal{C}(U^*)$ ist, folgt die Regularität von z bei Beachtung von 4.2.2. |

Korollar 4.3.2. Die Menge aller irregulären Randpunkte einer jeden Menge $U \in \mathfrak{U}_c$ ist semipolar.

Beweis. Nach 3.3.7 ist die Menge aller Punkte $z \in \complement U$, in welchen $\complement U$ dünn ist, eine semipolare Menge. Diese ist jedoch die Menge der irregulärenRandpunkte von U gemäß 4.3.1. Man hat nur zu beachten, daß eine Menge in keinem ihrer inneren Punkte dünn ist. |

Korollar 4.3.3. Es existiert auf X ein strenges Potential $p \in \mathcal{C}(X)$ mit folgender Eigenschaft: Ein Randpunkt z einer beliebigen Menge $U \in \mathfrak{U}_c$ ist genau dann regulär, wenn $\hat{R}^{\complement U}_p(z) = p(z)$ gilt.

Beweis. Sei U eine beliebige Menge aus $\mathfrak{U}_c$. Für alle Funktionen $u \in {}_+\mathcal{H}^*_X$ ist dann $\hat{R}^{\complement U}_u \leq u$. Für alle $h \in {}_+\mathcal{H}_X$ gilt $\hat{R}^{\complement U}_h = h$. Wird nämlich h auf $\complement U$ durch eine Funktion $v \in {}_+\mathcal{H}^*_X$ majorisiert, so gilt $h(x) = \int h \, d\mu^U_x \leq \int v \, d\mu^U_x \leq v(x)$ für jedes $x \in U$, d.h. v ist eine Majorante von h auf ganz X. Hieraus folgt $h \leq R^{\complement U}_h$, also $h \leq \hat{R}^{\complement U}_h$ und damit die Gleichheit $\hat{R}^{\complement U}_h = h$. Wir haben damit gezeigt, daß für jeden Punkt $z \in X$ das gefegte Maß $(\varepsilon_z)^{\complement U}$ im Sinne von 2.7.6 harmonisch bezüglich z ist. Ist daher $p \in \mathcal{C}(X)$ ein strenges Potential der in 2.7.6 beschriebenen Art, so gilt $\int p \, d(\varepsilon_z)^{\complement U} = \hat{R}_p^{\complement U}(z) = p(z)$ genau dann, wenn $(\varepsilon_z)^{\complement U} = \varepsilon_z$ ist. Angewandt auf Randpunkte z von U liefert dies zusammen mit 4.3.1 die Behauptung. |

Bemerkung. Im Zusammenhang mit III, § 3, Bemerkung 4, drängt sich die Frage auf, ob ein strenges Potential p existiert derart, daß eine beliebige Menge $E \subset X$ genau dann dünn in einem Punkte $z \in X$ ist, wenn $\hat{R}_p^E(z) < p(z)$ ist.

Der bisherigen Kennzeichnung regulärer Randpunkte durch das Verhalten von $\complement U$ in z stellen wir eine Kennzeichnung durch (innere)Eigenschaften von U gegenüber.

Definition. Sei z ein Randpunkt von U. Zu z (und U) gehörige Barriere (oder Bouligandsche Funktion) heißt jede Funktion w mit folgenden Eigenschaften:

(i) Der Definitionsbereich W von w hat die Form $W = U \cap V$ mit $V \in \mathfrak{V}(z)$.

(ii) w ist in W strikt positiv und hyperharmonisch.

(iii) $\lim\limits_{x \to z} w(x) = 0$.

Satz 4.3.3. Ein Randpunkt z von U ist genau dann regulär, wenn eine zu z gehörige Barriere existiert.

Es existiert sogar ein in $\mathcal{C}(U)$ gelegenes, strenges Potential G^U auf U, welches im folgenden Sinne eine universelle Barriere ist: Ein Randpunkt z von U ist genau dann regulär, wenn $\lim\limits_{x \to z} G^U(x) = 0$ ist.

Beweis. 1. Sei w eine zu z gehörige Barriere. Wegen der lokalen Kennzeichnung der Regularität kann angenommen werden, daß w auf ganz U definiert ist. Sei $\mathfrak{T}$ die Menge aller $f \in \mathcal{C}_+(U^*)$, welche in einer Umgebung von z (in U^*) verschwinden. Dann ist $\mathcal{T}$ total in $\{f \in \mathcal{C}(U^*): f(z) = 0\}$. Es genügt daher zu zeigen, daß $\lim_{x \to z} H_f^U(x) = 0$ für alle $f \in \mathcal{T}$ gilt. Sei f eine derartige Funktion. Dann gibt es eine reguläre Umgebung V von z mit $f(y) = 0$ für alle $y \in U^* \cap \bar{V}$. Wir setzen $W: = U \cap V$ und definieren $\varphi : W^* \longrightarrow \mathbb{R}_+$ wie folgt:

$$\varphi(y) = \begin{cases} f(y) = 0 \quad , & y \in W^* \cap \overset{*}{U} \\ H_f^U(y) \quad , & y \in W^* \cap U \end{cases}.$$

Nach 4.2.5 ist dann φ resolutiv bezüglich W und $H_\varphi^W = \mathrm{Rest}_W H_f^U$. Es genügt daher, $\lim_{x \to z} H_\varphi^W(x) = 0$ nachzuweisen.

Es gibt ein $\gamma \in \mathbb{R}_+$ mit $0 \leq \varphi \leq \gamma$. Zu jedem $\varepsilon > 0$ gibt es eine kompakte Menge $K \subset V^* \cap U$ derart, daß für $G : = V^* \cap U \cap \complement K$ gilt $\mu_z^V(G) \leq \varepsilon$. Da G in V^* offen ist, so ist $g: = \gamma \chi_G$ nach unten halbstetig sowie beschränkt (χ_G = Indikatorfunktion von G bezüglich V^*). Nach dem Resolutivitätssatz ist daher g resolutiv und $q: = H_g^V$ in V harmonisch; ferner ist $q \geq 0$. Für ein noch geeignet zu bestimmendes, zunächst aber beliebiges reelles $\lambda > 0$ betrachten wir in W die Funktion

$$w_\lambda(x) = \lambda w(x) + q(x) \qquad (x \in W).$$

Sie ist hyperharmonisch in W und, für geeignet großes λ, eine zu φ gehörige Oberfunktion. Letzteres ergibt sich folgendermaßen:

Ein Randpunkt y von W liegt entweder in $W^* \cap \overset{*}{U}$ oder in $W^* \cap U$.

Im ersten Fall gilt $\liminf_{x \to y} w_\lambda(x) \geq 0 = \varphi(y)$. Im zweiten Fall ist

$$\liminf_{x \to y} w_\lambda(x) = \lambda \liminf_{\substack{x \to y \\ x \in W}} w(x) + \liminf_{\substack{x \to y \\ x \in W}} q(x)$$

und dabei der zweite Summand $\geq \liminf_{\substack{x \to y \\ x \in V}} q(x) \geq \liminf_{y' \to y} g(y') = g(y)$.

Entweder liegt nun y in G; dann ergibt sich

$$\liminf_{x \to y} w_\lambda(x) \geq g(y) = \gamma \geq \varphi(y)$$

für alle $\lambda > 0$. Oder y liegt in K; dann gilt folgende Abschätzung:

$$\liminf_{x \to y} w_\lambda(x) \geq \lambda \liminf_{\substack{x \to y \\ x \in W}} w(x) \geq \lambda w(y) \geq \lambda \inf w(K).$$

Nun ist $\inf w(K) > 0$ wegen $K \subset U$ und der strikten Positivität von w.

Wählt man daher $\lambda = \gamma\,(\inf w(K))^{-1}$, so folgt auch hier

$$\liminf_{x \to y} w_\lambda(x) \geq \gamma \geq \varphi(y).$$

Bei dieser Wahl von λ ist somit w_λ Oberfunktion zu φ, also

$w_\lambda \geq H_\varphi^W$. Hieraus folgt weiter

$$\limsup_{x \to z} H_\varphi^W(x) \leq \limsup_{\substack{x \to z \\ x \in W}} w_\lambda(x) \leq \lambda \limsup_{\substack{x \to z \\ x \in W}} w(x) + \limsup_{\substack{x \to z \\ x \in W}} q(x).$$

Beachtet man die Eigenschaft (iii) einer Barriere sowie die Stetigkeit von q in V, so folgt

$$0 \leq \limsup_{x \to z} H_\varphi^W(x) \leq q(z) = \int g\, d\mu_z^V = \gamma\, \mu_z^V(G) \leq \gamma\, \varepsilon.$$

Da $\varepsilon > 0$ beliebig war, ist also $\lim_{x \to z} H_\varphi^W(x) = 0$. Dies aber sollte gezeigt werden.

2. Sei $p \in \mathcal{P}(X)$ ein strenges Potential auf X und p^* dessen Restriktion auf U^*. Setzt man dann $G^U(x) := p(x) - H_{p^*}^U(x)$ für $x \in U$, so ist G^U zunächst ≥ 0 und streng superharmonisch in U, also auch strikt positiv. Ferner ist G^U ein Element von $\mathcal{P}(U)$.

Daß G^U sogar ein Potential auf U ist, sieht man wie folgt ein: Für jedes $h \in \mathcal{H}_U$ mit $0 \leq h \leq G^U$ ist $h + H_{p^*}^U \leq p$ auf U und somit $h + H_{p^*}^U$ eine zu p^* gehörige Unterfunktion. Hieraus aber folgt $h + H_{p^*}^U \leq H_{p^*}^U$, also $h \leq 0$ und damit $h = 0$. Ist nun z ein regulärer Randpunkt von U, so gilt

$$\lim_{x \to z} G^U(x) = \lim_{\substack{x \to z \\ x \in U}} p(x) - \lim_{\substack{x \to z \\ x \in U}} H_{p^*}^U(x) = p(z) - p(z) = 0.$$

G^U ist daher für jeden regulären Randpunkt von U eine Barriere. Der erste Teil des Beweises lehrt, daß aus $\lim_{x \to z} G^U(x) = 0$ für $z \in U^*$ die Regularität von z folgt. |

Korollar 4.3.4. Die Menge U_r^* aller regulären Randpunkte von U ist eine G_δ -Menge, d.h. der Durchschnitt einer Folge offener Mengen.

Beweis. Sei G^U eine universelle Barriere im Sinne von 4.3.3.- Die auf U^* durch $\psi(z) := \limsup_{x \to z} G^U(x)$ definierte Funktion ist nach oben halbstetig; es gilt

$$U_r^* = \{z \in U^* : \psi(z) = 0\} = \bigcap_{n=1}^{\infty} \{z \in U^* : \psi(z) < n^{-1}\} .$$

Folglich ist U_r^* eine G_δ -Menge in U^* und damit auch eine G_δ -Menge in X. Man hat nur zu beachten, daß das Kompaktum U^* selbst eine G_δ -Menge in X ist. |

Es ergeben sich nun einige Aussagen über die Existenz regulärer Mengen:

Satz 4.3.5. Zu jeder kompaktenTeilmenge K einer regulären Menge V existiert eine reguläre Menge W mit $K \subset W \subset \overline{W} \subset V$.

Beweis. Sei h eine in einer Umgebung von $\overline{V}$ definierte, strikt positive, harmonische Funktion. Jede universelle Barriere G^V für die regulären Randpunkte von V strebt wegen der Regularität aller $z \in V$ am Rande V^* gegen Null. Daher ist

$$\lim_{x \to z} \frac{G^V(x)}{h(x)} = 0 \qquad \text{für alle } z \in V^*,$$

aber

$$ß_K := \inf_{x \in K} \frac{G^V(x)}{h(x)} > 0$$

(Der Fall $K = \emptyset$ kann offenbar übergangen werden.) Für $0 < \alpha < ß_K$ setze man

$$W_\alpha := \{x \in V : G^V(x) > \alpha h(x)\}.$$

Dann ist W_α offen und $K \subset W_\alpha \subset \overline{W}_\alpha \subset V$. Die Mengen W_α sind sämtlich regulär, da $\mathrm{Rest}_{W_\alpha}(G^V - \alpha h)$ eine Barriere für alle Randpunkte von W_α ist. |

Korollar 4.3.6. Sei $\mu \geq 0$ ein Radon-Maß auf X. Dann existiert eine Basis $\mathfrak{B}_\mu$ regulärer Mengen mit $\mu(V^*) = 0$ für alle $V \in \mathfrak{B}_\mu$.

Beweis. Sei V eine reguläre Menge und x_o ein Punkt in V. Wählt man im Beweis des vorausgehenden Satzes $K = \{x_o\}$, so liefert dieser eine Familie $(W_\alpha)_{o<\alpha<\beta_K}$ regulärer Mengen in V mit $\overline{W}_\beta \subset W_\alpha$ und somit auch mit $W_\beta^* \cap W_\alpha^* = \emptyset$ für beliebige $\alpha, \beta \in]0, \beta_K[$, welche in der Relation $\alpha < \beta$ stehen. Für jede endliche Teilmenge $\{\alpha_1, \dots, \alpha_n\}$ von $]0, \beta_K[$ gilt daher

$$\sum_{i=1}^{n} \mu(W_{\alpha_i}^*) = \mu(\bigcup_{i=1}^{n} W_{\alpha_i}^*) \leq \mu(V) < +\infty .$$

Somit gilt $\mu(W_\alpha^*) > 0$ nur für abzählbar viele $\alpha \in]0, \beta_K[$. Insbesondere existieren dann $\alpha \in]0, \beta_K[$ mit $\mu(W_\alpha^*) = 0$. Läßt man nun V eine Basis regulärer Mengen durchlaufen und x_o alle Punkte der Mengen V dieser Basis, so bilden die konstruierten W_α eine Basis regulärer Mengen der gewünschten Art. |

Korollar 4.3.7. Zu jeder Punktfolge (x_n) in X gibt es eine Basis $\mathfrak{B}$ regulärer Mengen mit $x_n \notin V^*$ für alle $n = 1, 2, \dots$ und alle $V \in \mathfrak{B}$.

Beweis. Man wende 4.3.6 auf das Maß $\mu := \sum_{n=1}^{\infty} 2^{-n} \varepsilon_{x_n}$ an. |

Schließlich zeigen wir noch, daß zu einem regulären Randpunkt von U häufig auch eine in U harmonische Barriere existiert.

Satz 4.3.8. Zu einem regulären Randpunkt z von U existiert eine in ganz U definierte, harmonische Barriere, wenn jeder Punkt

$x \in U$ der folgenden Bedingung genügt:

(T_x) Es existiert eine offene Umgebung W von $\overline{U}$, eine strikt positive Funktion $h \in \mathcal{H}_W$ und ein $u \in \mathcal{H}_W^*$ mit $u(z)h(x) > u(x)h(z)$. +)

Beweis. Es gibt ein $f \in \varphi_+(U^*)$ mit $f^{-1}(0) = \{z\}$. Die zugehörige verallgemeinerte Lösung H_f ist in U harmonisch und genügt der Bedingung $\lim_{x \to z} H_f(x) = f(z) = 0$. Aus $f \geq 0$ folgt $H_f \geq 0$. Die Annahme $H_f(x) = 0$ für ein $x \in U$ führt wie folgt zu einem Widerspruch. Es ist $\int f\, d\mu_x^U = 0$, so daß μ_x^U von $f^{-1}(0) = \{z\}$ getragen wird. Es gibt also ein $\lambda \in \mathbb{R}_+$ mit $\mu_x^U = \lambda\, \varepsilon_z$. Wählt man h und u gemäß (T_x), so folgt $h(x) = \int h\, d\mu_x^U = \lambda\, h(z)$ und damit insbesondere $\lambda > 0$. Ferner ist $u(x) \geq \overline{H}_{u^*}(x) = \int u\, d\mu_x^U = \lambda\, u(z)$, wenn dabei u^* die Restriktion von u auf U^* bezeichnet. Somit ergibt sich $u(x)h(z) \geq u(z)h(x)$ im Widerspruch zu der in (T_x) geforderten Ungleichung. H_f ist daher eine Barriere mit den gewünschten Eigenschaften. |

Korollar 4.3.9. Zu jedem polaren und regulären Randpunkt z von U existiert eine in U definierte, harmonische Barriere.

Beweis. Nach Axiom IV gibt es e ne in einer relativ-kompakten, offenen Umgebung von $\overline{U}$ definierte, strikt positive, harmonische Funktion h. Zu z gibt es nach 2.8.3 eine superharmonische Funktion $s \geq 0$ auf X mit $s(z) = +\infty$ und $s(x) < +\infty$. Folglich gilt $s(x)h(z) < +\infty = s(z)h(x)$, d.h. die Bedingung (T_x) ist für alle $x \in U$ erfüllt. |

+) Dabei können W, h und u von x abhängen.

§ 4. Existenz regulärer Randpunkte. -

Verschärfung des Randminimum-Prinzips.

Nunmehr soll die Frage beantwortet werden, ob auf dem Rand von U stets mindestens ein regulärer Punkt existiert.

Definition. Ein Punkt $z \in \overline{U}$ heißt extrem-regulär (bezüglich U), wenn ε_z das einzige Maß $\mu \geq 0$ auf $\overline{U}$ ist derart, daß

$$\int u \, d\mu \leq u(z)$$

für alle in U superharmonischen Funktionen $u \in \mathcal{C}(\overline{U})$ gilt.

Satz 4.4.1. Jeder extrem-reguläre Punkt $z \in \overline{U}$ ist ein regulärer Randpunkt von U.

Beweis. Sei $\mathcal{E}$ die Menge aller $u \in \mathcal{C}(\overline{U})$, welche in U superharmonisch sind. Für jeden Punkt $x \in U$ und jede reguläre Menge V mit $x \in V \subset \overline{V} \subset U$ gilt dann $\int u \, d\mu_x^V \leq u(x)$ für beliebiges $u \in \mathcal{E}$. Da $\mu_x^V \neq \varepsilon_x$ ist, kann x nicht extrem-regulär sein. Alle extrem-regulären Punkte liegen somit in U^*.

Nach 4.1.2 ist $\alpha := \sup_{x \in U} \int d\mu_x^U < +\infty$. Die Menge $\mathcal{M}_\alpha$ aller Maße $\mu \geq 0$ auf U^* mit Gesamtmasse $\int d\mu \leq \alpha$ ist bezüglich der vagen Topologie kompakt. Die durch $\phi(x) := \mu_x^U$ definierte Abbildung $\phi : U \to \mathcal{M}_\alpha$ ist in dieser Topologie stetig, da die verallgemeinerten Lösungen stetig sind. Sei nun $z \in U^*$ extrem-regulär und sei $\mathfrak{F}$ die Spur in U des Umgebungsfilters von z. Da $\mathcal{M}_\alpha$ kompakt ist, gibt es einen Limeswert μ von ϕ bezüglich $\mathfrak{F}$ sowie eine Verfeinerung $\mathfrak{F}'$ von $\mathfrak{F}$ mit $\lim_{\mathfrak{F}'} \phi(x) = \mu$. Für alle $u \in \mathcal{E}$ ergibt sich dann wegen deren Stetigkeit

$$\int u\, d\mu = \lim_{\mathfrak{F}'} \int u\, d\mu_x^U \leq \lim_{\mathfrak{F}'} u(x) = u(z).$$

Nach Definition der extrem-regulären Punkte hat dies $\mu = \varepsilon_z$ zur Folge. Also ist ε_z der einzige Limeswert von ϕ bezüglich $\mathfrak{F}$, d.h. es gilt $\lim_{x \to z} \mu_x^U = \lim_{\mathfrak{F}} \phi(x) = \varepsilon_z$. Dies aber besagt, daß z regulärer Randpunkt von u ist.

Nunmehr ergeben sich Existenzaussagen und Verschärfungen des Randminimum-Prinzips:

Satz 4.4.2. Sei h eine in einer Umgebung von $\overline{U}$ definierte, strikt positive, harmonische Funktion. Ist dann $u \in \mathcal{C}(\overline{U})$ eine in U superharmonische Funktion, so besitzt die Funktion $\frac{u}{h}$ auf $\overline{U}$ eine extrem-reguläre Minimalstelle.

<u>Beweis.</u> Sei $\mathfrak{E} := \{u \in \mathcal{C}(\overline{U}) : \mathrm{Rest}_U u \in \mathcal{S}_U\}$ und $\mathfrak{E}_h := \{\frac{u}{h} : u \in \mathfrak{E}\}$. Dann enthält $\mathfrak{E}_h$ die konstanten Funktionen auf $\overline{U}$; nach Axiom IV ist $\mathfrak{E}_h$ punktetrennend. Nach dem Minimumprinzip der Vorbereitungen nimmt jedes $f \in \mathfrak{E}_h$ sein Minimum in einem Punkte $z \in \overline{U}$ an, für welchen ε_z das einzige Wahrscheinlichkeitsmaß ν auf $\overline{U}$ ist mit

$$\int g\, d\nu \leq g(z) \qquad \text{für alle } g \in \mathfrak{E}_h.$$

Wir zeigen, daß jeder derartige Punkt z extrem-regulär ist. Sei hierzu $\mu \geq 0$ ein Maß auf $\overline{U}$ mit $\int u\, d\mu \leq u(z)$ für alle $u \in \mathfrak{E}$. Das Maß $\nu := \frac{h}{h(z)}\mu$ ist dann ein Wahrscheinlichkeitsmaß auf $\overline{U}$ mit

$$\int \frac{u}{h}\, d\nu = \frac{1}{h(z)} \int u\, d\mu \leq \frac{u(z)}{h(z)} \qquad \text{für alle } \frac{u}{h} \in \mathfrak{E}_h.$$

Also folgt $\nu = \varepsilon_z$ und damit $\mu = \varepsilon_z$. Wie behauptet, ist daher z extrem-regulär. |

Korollar 4.4.3. Sei u $\in \mathcal{C}(\overline{U})$ in U superharmonisch. Gilt dann $u(z) \geq 0$ für alle extrem-regulären Randpunkte z von U, so ist $u \geq 0$.

Beweis. Wählt man h wie im vorausgehenden Satz, so gilt also $\frac{u(z)}{h(z)} \geq 0$ für alle regulären, also erst recht für alle extrem-regulären Randpunkte von U. Aus 4.4.2 folgt dann $\frac{u}{h} \geq 0$ und somit $u \geq 0$. |

Korollar 4.4.4. Sind die konstanten Funktionen auf X harmonisch, so besitzt jede in U superharmonische Funktion u $\in \mathcal{C}(\overline{U})$ eine extrem-reguläre Minimalstelle.

Beweis. Man wähle in 4.4.2 für h die konstante Funktion 1. |

Bemerkungen. 1. Es ist unbekannt, ob jeder reguläre Randpunkt von U auch extrem-regulär ist. Unter zusätzlichen Voraussetzungen, welche z.B. im Standard-Beispiel (1) erfüllt sind, gilt eine derartige Umkehrung. Vgl. hierzu BAUER [2], BOBOC - CORNEA [10].

2. Es ist nicht möglich, in 4.4.2 die Stetigkeit von u durch die Halbstetigkeit nach unten zu ersetzen. Sei nämlich U $\in \mathfrak{U}_c$ eine nicht-reguläre Menge, deren Rand also einen irregulären Punkt z enthält. Sei h eine in einer Umgebung von $\overline{U}$ definierte, strikt positive, harmonische Funktion. Man setze

$$u(x) := \begin{cases} 0 & , \text{ für } x = z \\ h(x) & , \text{ für } x \in \overline{U} \setminus \{z\}. \end{cases}$$

Dann ist z die einzige Minimalstelle von $\frac{u}{h}$. Diese aber ist irregulär.

Zu einer andersartigen Verschärfung des Randminimum-Prin zips führt das folgende Lemma:

Lemma 4.4.5. Eine polare Menge $P \subset U^*$ hat das harmonische Maß Null, d.h. es gilt $\mu_x^U(P)=0$ für alle $x \in U$.

Beweis. Zu $x \in U$ gibt es nach 2.8.3 eine superharmonische Funktion $s \geq 0$ auf X mit $P \subset s^{-1}(+\infty)$ und $s(x) < +\infty$. Dann ist $\lambda \mathrm{Rest}_U s$ für jedes $\lambda > 0$ eine Oberfunktion zur Indikatorfunktion χ_P. Folglich ist

$$(\mu_x^U)^*(P) = \overline{H}_{\chi_P}(x) \leq \lambda\, s(x) \qquad \text{für alle} \quad \lambda > 0.$$

Hieraus folgt $(\mu_x^U)^*(P) = 0$ und damit $\mu_x^U(P) = 0$. |

Satz 4.4.6. Sei E eine Teilmenge von U^* mit $\mu_x^U(E) = 0$ für alle $x \in U$. Dann gilt für jede nach unten beschränkte Funktion $u \in \mathcal{H}_U^*$:

$$\liminf_{x \to z} u(x) \geq 0 \text{ für alle } z \in U^* \setminus E \qquad \Longrightarrow \qquad u \geq 0.$$

Beweis. Nach dem Resolutivitätssatz ist die Indikatorfunktion χ_E resolutiv und $H_{\chi_E} = 0$. Bezeichnet α eine untere Schranke von u, so ist u eine zu $\alpha\chi_E$ gehörige Oberfunktion. Es gilt daher $H_{\alpha\chi_E} \leq u$. Wegen $H_{\alpha\chi_E} = \alpha H_{\chi_E} = 0$ liefert dies die Behauptung. |

Wegen Lemma 4.4.5 ist dieser Satz insbesondere auf den Fall einer polaren Teilmenge P von U^* anwendbar.

§ 5. Beispiele

1. In einem streng harmonischen Raum X sei A eine Absorptionsmenge und U eine Menge aus $\mathfrak{U}_c$ mit $U \subset \complement A$. Dann ist jeder Punkt $z \in U^* \cap A$ ein regulärer Randpunkt von U. Nach 2.7.2 gibt es nämlich ein Potential $p \in \mathcal{P}(X)$ mit $A = \overset{-1}{p}(0)$. Dann aber ist $\mathrm{Rest}_U\, p$ eine Barriere für z.

Diese Feststellung ist einer der Ausgangspunkte für die Behandlung des <u>Cauchyschen Problems</u> in der Theorie der harmonischen Räume. Eine eingehende Darstellung dieses Problemkreises findet sich in [6].

2. Wir betrachten den harmonischen Raum $X = \mathbb{R}^{n+1}$ des Standard-Beispiels (2). Eine Menge $U \in \mathfrak{U}_c$ sei von der Form

$$U = V \times \,]0,1[\,,$$

wobei $V \subset \mathbb{R}^n$ eine bezüglich der Laplace-Gleichung $\Delta u = 0$ reguläre Menge ist. Dann ist die Menge U_r der regulären Randpunkte von U gegeben durch

$$U_r = (\overline{V} \times \{0\}) \cup (V^* \times [0,1]).$$

Hierbei bezeichnet natürlich V^* den Rand von V in $\mathbb{R}^n$.

<u>Beweis.</u> Sei $z \in \overline{V} \times \{0\}$. Dann liegt z in der Absorptionsmenge $A := \{x \in X : x_{n+1} \leq 0\}$, und es gilt $U \subset \complement A$. Die Regularität von z folgt somit aus dem vorangehenden Beispiel.

Sei $z \in V \times \{1\}$. Für jede hinreichend kleine Umgebung W von z gilt dann $W \cap \complement U \subset \{x \in X : x_{n+1} \geq 1\}$. Die Menge aller $x \in X$ mit $x_{n+1} = 1$ ist aber dünn in z nach III, § 1. Folglich ist $\complement U$ dünn in z und damit z ein irregulärer Randpunkt von U.

Schließlich sei $z \in V^* \times [0,1]$. Wir betrachten die kanonische Projektion $\pi : \mathbb{R}^{n+1} \to \mathbb{R}^n$. Die führt z über in einen Punkt $z_o := \pi(z) \in V^*$. Nach 4.3.9 existiert eine Barriere h in V für den Randpunkt z_o, welche in V der Laplace-Gleichung genügt. Dann aber ist offenbar $h \circ \pi$ eine Barriere für z bezüglich U, d.h. z ist regulärer Randpunkt von U. |

3. Wiederum sei $X = \mathbb{R}^{n+1}$ der harmonische Raum des Standard-Beispiels (2). Dagegen sei jetzt U eine beliebige Teilmenge von $\mathfrak{U}_c$ und z ein Randpunkt von U. Existiert dann eine Umgebung V von z mit $z'_{n+1} \geq z_{n+1}$ für alle $z \in V \cap U$, so ist z ein regulärer Randpunkt von U. Dies folgt aus dem ersten Beispiel.

Gibt es dagegen einen achsenparallelen, offenen Quader $Q \subset U$, so daß z innerer Punkt der oberen Deckfläche von Q ist, so ist z ein irregulärer Randpunkt von Q gemäß Beispiel 2 und somit ein irregulärer Randpunkt von U.

4. Nach HERVÉ [21], p. 26, existieren in einem Brelotschen harmonischen Raum X beliebig große reguläre Mengen, genauer: zu jeder kompakten Menge K und jeder offenen Menge $U \neq \emptyset$ mit $K \subset U \subset X$ gibt es reguläre Mengen V mit $K \subset V \subset U$. Eine entsprechende Aussage gilt nicht für einen beliebigen streng harmonischen Raum.

Wir betrachten hierzu das Standard-Beispiel (2) für die Dimension n = 1. Der Grundraum X sei jedoch nicht der ganze $\mathbb{R}^2$, sondern das Komplement der Halbgeraden $\{0\} \times [0, +\infty[$ in $\mathbb{R}^2$. Dann ist $K := \{x = (x_1, x_2) \in \mathbb{R}^2 : x_1^2 + x_2^2 = 1,\ x_2 \leq 0\}$ eine kompakte Teilmenge von X. Es gibt keine in X reguläre Obermenge von K.

<u>Beweis.</u> Sei $V \in \mathfrak{U}_c(X)$ mit $K \subset V$. Dann ist die Menge

$$L := \{x \in X: x_1^2 + x_2^2 \leq 1,\ x_2 \leq 0\} \cap V^*$$

kompakt und nicht leer. Sei $\alpha := \inf_{x \in L} x_2$ und z ein Punkt von L mit $z_2 = \alpha$. Nach dem zweiten Teil des obigen Beispiels 3 ist dann z ein irregulärer Randpunkt von V. |

Abschließend sei bemerkt, daß sich viele Regularitätskriterien nicht nur der klassischen Potentialtheorie, sondern auch solche der Theorie der Wärmeleitungsgleichung aus dem Barrieren-Kriterium herleiten lassen. Man vergleiche zum letzteren PETROWSKY [26] und KAMKE [24].

§ 6. Nuklearität der Räume $\mathcal{H}_X$

Abschließend sollen die harmonischen Maße μ_x^U dazu verwendet werden, um zu zeigen, daß der topologische Vektorraum $\mathcal{H}_X$ der harmonischen Funktionen auf einem beliebigen harmonischen Raum X nuklear ist. Die strenge Harmonizität von X wird hierfür nicht benötigt.

Wir erinnern zunächst an folgende Kennzeichnung der nuklearen Räume. Sei E ein lokal-konvexer Raum über den reellen Zahlen und sei $\mathfrak{M}$ ein Fundamentalsystem von abgeschlossenen, symmetrischen, konvexen Umgebungen der Null. Nach PIETSCH [27], S. 64 ist E genau dann <u>nuklear</u>, wenn es zu jeder Umgebung $W \in \mathfrak{M}$ ein $V \in \mathfrak{M}$ und ein auf der schwach kompakten Polaren V^o definiertes Maß

$\Theta \geq 0$ gibt, so daß die Ungleichung

$$p_W(x) \leq \int |\langle x, a\rangle| \, \Theta(da) \qquad \text{für alle } x \in E$$

gilt. Dabei ist p_W die Eichfunktion von W und $\langle x, a\rangle = a(x)$ für alle $x \in E$ und $a \in E'$.

Satz 4.6.1. Der mit der Topologie der gleichmäßigen Konvergenz auf kompakten Teilmengen versehene Raum $\mathcal{H}_X$ der auf einem harmonischen Raum X harmonischen Funktionen ist ein nuklearer Fréchet-Raum.

Beweis. Für jedes kompakte $K \subset X$ bezeichne p_K die durch $p_K(h) = \sup_{x \in K} |h(x)|$ definierte Halbnorm auf $\mathcal{H}_X$. Wir wählen für $\mathfrak{M}$ das System aller Umgebungen $W_{K,\varepsilon} := \{h \in \mathcal{H}_X : p_K(h) \leq \varepsilon\}$, welche sich für kompaktes $K \subset X$ und reelles $\varepsilon > 0$ ergeben. Für gegebenes, kompaktes K sei U eine in $\mathfrak{U}_c$ gelegene Umgebung von K und $\mu \geq 0$ ein Maß auf X, für dessen Träger $T\mu$ gilt: $K \subset \overset{\circ}{T\mu} \subset T\mu \subset U$. Nach 1.4.4, angewandt auf den harmonischen Raum U, gibt es dann eine reelle Zahl $\alpha > 0$ derart, daß $\sup u(K) \leq \alpha \int u \, d\mu$ für alle in U harmonischen Funktionen $u \geq 0$ gilt. Also gilt insbesondere

$$\sup H_f^U (K) \leq \alpha \int H_f^U \, d\mu$$

für alle $f \in \mathcal{C}_+(U^*)$. Wählt man für f speziell die Restriktion auf U^* des absoluten Betrages einer Funktion aus $\mathcal{H}_X$, so folgt:

$$|h(x)| = \left|\int h \, d\mu_x^U\right| \leq \int |h| \, d\mu_x^U = H_{|h|}^U (x) \leq \alpha \int H_{|h|}^U d\mu$$

für alle $x \in K$ und somit

$$p_K(h) \leq \int |h| \, d\nu \qquad \text{für alle } h \in \mathcal{H}_X.$$

Dabei ist $\nu := \alpha \int \mu_x^U \, \mu(dx)$ ein positives Radon-Maß auf U^*. Die Maße ε_x liegen für Punkte $x \in U$ sämtlich in der Polaren V^o der Umgebung $V := W_{\overline{U},1}$ der Null. Somit definiert $x \longrightarrow \varepsilon_x$ eine stetige Injektion φ von U^* in die schwach topologisierte Polare V^o. Daher ist $\Theta := \varphi(\frac{1}{\varepsilon}\nu)$ ein positives Maß auf V^o, welches der Bedingung

$$\frac{1}{\varepsilon} p_K(h) \leq \frac{1}{\varepsilon}\int |h|\, d\nu = \int |\langle h, a\rangle| \, \Theta(da)$$

genügt. Da somit V und Θ das in der oben formulierten Kennzeichnung bezüglich $W = W_{K,\varepsilon}$ Geforderte leisten, folgt nunmehr die Nuklearität von $\mathcal{H}_X$. Daß schließlich $\mathcal{H}_X$ ein Fréchet-Raum ist, folgt aus der in 1.1.5 bewiesenen Vollständigkeit von $\mathcal{H}_X$ und der Existenz einer abzählbaren Basis für X. |

Korollar 4.6.2. Für jeden harmonischen Raum X ist $\mathcal{H}_X$ ein Montelscher Raum.

Beweis. Die Behauptung folgt einerseits aus der Bemerkung, daß jeder Fréchet-Raum tonneliert ist, andererseits aus einem Resultat bei PIETSCH [27], S. 73, wonach in einem nuklearen Raum alle beschränkten Teilmengen präkompakt sind. |

Insbesondere ist somit $\mathcal{H}_X$ ein reflexiver Raum. Dies folgt entweder aus 4.6.2 oder aus dem allgemeinen in [27], S. 75 bewiesenen Resultat, wonach nukleare Fréchet-Räume reflexiv sind.

Der Satz von Ascoli lehrt nunmehr, daß jede beschränkte Teilmenge des lokal-konvexen Raumes $\mathcal{H}_X$, d.h. jede lokal-gleichmäßig beschränkte Menge harmonischer Funktionen auf X gleichgradig stetig ist. Auf Grund von 1.4.4 ergibt sich insbesondere:

Korollar 4.6.3. Sei $\mu \geq 0$ ein positives Maß auf einem harmonischen Raum X. Dann ist die Menge aller harmonischen Funktionen $h \geq 0$ auf X mit $\int h\, d\mu \leq 1$ gleichgradig stetig auf $\overset{\circ}{A}_{T\mu}$.

Beweis. Nach 1.4.4 ist die auf den harmonischen Raum $\overset{\circ}{A}_{T\mu}$ eingeschränkte Funktionenmenge lokal-gleichmäßig beschränkt, also gleichgradig stetig. |

Für eine Punktmasse $\mu = \varepsilon_{x_o}$ und einen zusammenhängenden, elliptischen, harmonischen Raum besagt 4.6.3, daß die Menge aller $h \in {}_+\mathfrak{H}_X$ mit $h(x_o) \leq 1$ gleichgradig stetig auf X ist. Somit ist insbesondere das Axiom (3') der Theorie von BRELOT [15] erfüllt.

V. ZERLEGUNGS- UND FORTSETZUNGSSATZ

Im folgenden sei X ein streng harmonischer Raum. Es sei aber bemerkt, daß die strenge Harmonizität erst ab § 2 ausgenützt wird.

§ 1. Spezifische Ordnung und Zerlegungssatz

Im folgenden wird häufig folgende Kürzungsregel verwendet: Seien s, s' und t superharmonische Funktionen auf X. Dann gilt

$$s + t \leq s' + t \quad \Rightarrow \quad s \leq s'.$$

Es gilt nämlich $s(x) \leq s'(x)$ für alle x aus dem Komplement der polaren Menge $T = \overset{-1}{t}(+\infty)$. Da T vernachlässigbar ist, folgt die Behauptung aus 2.1.5.

Insbesondere existiert somit zu superharmonischen Funktionen u, v höchstens eine superharmonische Funktion u' mit $u = v + u'$.

Definition. Seien u und v superharmonische Funktionen ≥ 0 auf X. Dann heißt v spezifisch kleiner als u, in Zeichen: $v \prec u$ oder $v \overset{X}{\prec} u$, wenn eine Funktion $u' \in {}_{+}\mathcal{S}_X$ existiert mit $u = v + u'$.

Man prüft sofort nach, daß $\prec$ eine Ordnungsrelation auf ${}_{+}\mathcal{S}_X$ ist. Diese heißt die spezifische Ordnung (bezüglich X). Es ist die durch den Kegel ${}_{+}\mathcal{S}_X$ in sich definierte Ordnung. "Spezifisch" heißt im folgenden "bezüglich der spezifischen Ordnung".

Eng mit dieser Ordnungsrelation verknüpft ist folgende Relation:

Definition: Sei v eine Funktion aus ${}_{+}\mathcal{S}_X$ und sei $U \in \mathfrak{U}$. Eine

Funktion $u \in {}_{+}\mathcal{S}_X$ heißt U-Majorante von v, wenn eine Funktion $u' \in \mathcal{S}_U$ existiert mit $u(x) = v(x) + u'(x)$ für alle $x \in U$.

Die Relation "u ist U-Majorante von v" ist eine Präordnung auf ${}_{+}\mathcal{S}_X$, welche mit der Kegelstruktur von ${}_{+}\mathcal{S}_X$ verträglich ist. Die Differenz $u(x) - v(x)$ zweier Funktionen $u, v \in {}_{+}\mathcal{S}_X$ ist genau dann harmonisch in U, wenn u eine U-Majorante von v und zugleich v eine U-Majorante von u ist. Jede spezifische Majorante von $u \in {}_{+}\mathcal{S}_X$ ist auch eine U-Majorante für jedes $U \in \mathfrak{U}$.

Lemma 5.1.1. Sei $v \in {}_{+}\mathcal{S}_X$, $U \in \mathfrak{U}$ und sei p der Potentialteil von $\mathrm{Rest}_U v$ in U. Dann ist die Menge der U-Majoranten von v nur von p abhängig und auf U durch p nach unten beschränkt.

Beweis. Die Menge der U-Majoranten von v besteht offenbar aus allen $u \in {}_{+}\mathcal{S}_X$, zu welchen ein $u' \in \mathcal{S}_U$ existiert mit $u(x) = p(x) + u'(x)$ auf U. Die betreffende Menge hängt somit nur von p ab. Aus der für alle $x \in U$ gültigen Gleichheit $u(x) = p(x) + u'(x)$ folgt $p + u' \geqq 0$ auf U. Nach 2.4.2 folgt hieraus $u' \geqq 0$, was $u(x) \geqq p(x)$ für alle $x \in U$ zur Folge hat. |

Korollar 5.1.2. Seien u und v Funktionen aus ${}_{+}\mathcal{S}_X$ und sei p der Potentialteil von $\mathrm{Rest}_U v$ in $U \in \mathfrak{U}$. Dann gilt:

u ist U-Majorante von v $\Longleftrightarrow$ $p \overset{U}{\prec} \mathrm{Rest}_U u$.

Lemma 5.1.3. Ist die Menge $\mathfrak{U}$ der U-Majoranten einer Menge $\mathfrak{V} \subset {}_{+}\mathcal{S}_X$ nicht leer, so besitzt $u_o := \inf \mathfrak{U}$ die folgenden Eigenschaften:

(a) $u_o \in \mathfrak{U}$, u_o ist harmonisch in $\complement \overline{U}$;

(b) Für alle $u \in \mathfrak{U}$ gilt $u_o \prec u$.

Beweis. (a) Bei beliebig gewähltem $v \in \mathfrak{V}$ gibt es zu jedem $u \in \mathfrak{U}$ ein $u' \in \mathcal{S}_U$ mit $u = v + u'$ auf U. Sei $\mathfrak{U}'_v$ die Menge dieser Funktionen u'. Setzt man dann $u'_v := \inf \mathfrak{U}'_v$, so gilt $u_o = v + u'_v$ in U. Da $\mathfrak{U}$ durch σ auf X und $\mathfrak{U}'_v$ (zufolge 2.4.2) durch das Negative des harmonischen Teils von $\mathrm{Rest}_U v$ auf U nach unten beschränkt ist, sind u_o und u'_v nahezu hyperharmonische Funktionen auf X bzw. U. Nach II, § 1 gilt daher

$$\hat{u}_o = v + \hat{u}'_v \quad \text{auf } U ,$$

d.h. es ist $\hat{u}_o$ eine U-Majorante von v. Da dies für jedes $v \in \mathfrak{V}$ gilt, ist $\hat{u}_o \in \mathfrak{U}$ und daher $u_o \leq \hat{u}_o$. Da aber ohnedies $\hat{u}_o \leq u_o$ gilt, ist damit $u_o = \hat{u}_o$ und dann auch $\hat{u}'_v \in \mathfrak{U}'_v$. Letzteres hat dann ebenfalls $u'_v = \hat{u}'_v$ zur Folge. Aus der Definition der U-Majoranten folgt, daß $\mathrm{Rest}_{\complement \overline{U}} \mathfrak{U}$ eine gesättigte Teilmenge von $_+\mathcal{S}_{\complement \overline{U}}$ ist. Folglich ist u_o harmonisch in $\complement \overline{U}$.

(b) Bei beliebig gewähltem $u \in \mathfrak{U}$ setzen wir

$$w(x) = \begin{cases} u(x) - u_o(x) & , \text{ falls } u_o(x) < +\infty \\ +\infty & , \text{ falls } u_o(x) = +\infty . \end{cases}$$

Wir zeigen, daß w nahezu hyperharmonisch ist. Dann folgt nämlich weiter, daß $\hat{w}$ in $_+\mathcal{S}_X$ liegt und $u = \hat{u} = \widehat{w + u_o} = \hat{w} + u_o$, also $u_o \prec u$ gilt. Da $w \geq 0$ und w Borel-meßbar ist, haben wir nun die Ungleichung $w(x) \geq \int w \, d\mu_x^V$ für alle regulären Mengen V und alle $x \in V$ nachzuweisen. Wegen $u = w + u_o$ kann diese Ungleichung auch in der Form

$$u(x) - \int u \, d\mu_x^V + \int u_o \, d\mu_x^V \geq u_o(x)$$

geschrieben werden. Bezeichnet nun s eine beliebige Oberfunktion von $\mathrm{Rest}_{V^*} u_o$ und t eine beliebige Unterfunktion von $\mathrm{Rest}_{V^*} u$ (bezüglich V), so lehrt der Resolutivitätssatz 4.1.8, daß es genügt, die Ungleichung

$$u(x) - t(x) + s(x) \geq u_o(x) \qquad \text{für alle } x \in V$$

zu beweisen. Wir setzen hierzu

$$u_1(x) = \begin{cases} \inf\,(u(x) - t(x) + s(x)\,,\; u_o(x))\,, & x \in V \\ u_o(x)\,, \; x \in \complement V \end{cases}.$$

Dann lehrt zunächst 1.3.10, daß u_1 in ${}_+\mathcal{S}_X$ liegt. Der Beweis ist beendet, wenn u_1 als U-Majorante von $\mathfrak{V}$ nachgewiesen ist. Dann folgt nämlich $u_1 \geq u_o$. Definitionsgemäß ist außerdem $u_1 \leq u_o$, woraus $u_1 = u_o$ und damit die behauptete Ungleichung für alle $x \in V$ folgt.

Sei also $v \in \mathfrak{V}$ gegeben. Es gibt hierzu ein $u' \in \mathcal{S}_U$ mit $u = v + u'$ in U. Unter Weiterverwendung der oben eingeführten Funktion u'_v setzen wir

$$u_2(x) = \begin{cases} \inf\,(u'(x) - t(x) + s(x),\; u'_v(x))\,, & x \in U \cap V \\ u'_v(x)\,, & x \in U \setminus V \end{cases}.$$

In U gilt somit $u_2(x) + v(x) = u_1(x)$. Also ist u_1 als U-Majorante von v nachgewiesen, wenn u_2 in $\mathcal{S}_U$ liegt. Dies aber folgt aus 1.3.10. Für alle Punkte $z \in V^* \cap U$ gilt nämlich:

$$\liminf_{\substack{x \to z \\ x \in V \cap U}} (u'(x) - t(x) + s(x)) \geq u'(z) - \limsup_{\substack{x \to z \\ x \in V}} t(x) + \limsup_{\substack{x \to z \\ x \in V}} s(x)$$

$$\geq u'(z) - u(z) + u_o(z) = u'_v(z).$$

Damit ist der Beweis beendet. |

Wir gelangen nun zu dem angekündigten Zerlegungssatz:

Satz 5.1.4 (Zerlegungssatz). Zu jeder Menge $U \in \mathfrak{U}$ und zu jeder Funktion $v \in {}_+\mathcal{S}_X$ gibt es Funktionen v^U und v_c^U in ${}_+\mathcal{S}_X$ mit folgenden Eigenschaften:

(1) $\quad v = v^U + v_c^U$.

(2) v_c^U ist die spezifisch größte unter allen in U harmonischen, spezifischen Minoranten von v.

(3) v^U ist die spezifisch kleinste U-Majorante von v.

(4) v^U ist harmonisch in $\complement \overline{U}$.

Beweis. Die Funktion v ist eine U-Majorante von sich selbst. Satz 5.1.3 liefert daher für $\mathcal{V} = \{v\}$ die Existenz einer kleinsten U-Majorante v^U von v. Abermals nach 5.1.3 ist diese auch die spezifisch kleinste unter allen U-Majoranten von v; ferner ist v^U harmonisch in $\complement \overline{U}$. Da insbesondere $v^U \prec v$ gilt, gibt es ein eindeutig bestimmtes $v_c^U \in {}_+\mathcal{S}_X$ mit $v = v^U + v_c^U$. Wir zeigen, daß v_c^U die gewünschten Eigenschaften besitzt: Da v^U eine U-Majorante von v ist, gibt es ein $u' \in \mathcal{S}_U$ derart, daß in U gilt $v^U = v + u'$. Nach der Kürzungsregel ist dann $v_c^U = -u'$ in U, also v_c^U harmonisch in U. Schließlich ist noch $w \prec v_c^U$ für jede in U harmonische, spezifische Minorante w von v nachzuweisen. Wegen $w \prec v$ gibt es ein $u \in {}_+\mathcal{S}_X$ mit $v = w + u$. Die Harmonizität von w in U hat zur Folge, daß u eine U-Majorante von v ist. Daher gilt $v^U \prec u$, und es gibt ein $u_1 \in {}_+\mathcal{S}_X$ mit $u = v^U + u_1$. Es folgt nunmehr $v = w + u = w + v^U + u_1$, also gemäß der Kürzungsregel $v_c^U = w + u_1$. Tatsächlich ist somit $w \prec v_c^U$. |

Korollar 5.1.5. Für jede Funktion $v \in {}_+\mathcal{S}_X \cap \mathcal{C}(X)$ liegen auch die Funktionen v^U und v_c^U in $\mathcal{C}(X)$.

Beweis. Wegen $v_c^U \prec v$ gilt $v_c^U \leq v$, so daß v_c^U und damit auch v^U reellwertig ist. Aus $v^U = v - v_c^U$ folgt die Halbstetigkeit von v^U nach oben, also die Stetigkeit. Mit v und v^U ist dann auch v_c^U stetig. |

Definition. Für jede Funktion $v \in {}_+\mathcal{S}_X$ und jede Menge $U \in \mathfrak{U}$

heißt v^U die <u>spezifische Restriktion</u> von v bezüglich U. Für $U = \emptyset$ setzen wir $v^{\emptyset} = 0$.

Man beachte, daß $v^U = 0$ genau dann gilt, wenn v in U harmonisch ist.

§ 2. Der Fortsetzungssatz

Der soeben bewiesene Zerlegungssatz gestattet als erste Anwendung den Beweis des folgenden Fortsetzungssatzes.

<u>Lemma 5.2.1.</u> Sei $\mathfrak{V}$ eine Menge superharmonischer Funktionen in einer Menge $U \in \mathfrak{U}$ mit einer Minorante $v_o \in \mathcal{S}_U$ und einer Majorante $v_1 \in \mathcal{S}_U$. Dann gibt es zu jeder Menge $V \in \mathfrak{U}_c$ mit $\bar{V} \subset U$ ein Potential $p \in \mathcal{P}(X)$ und zu jedem $v \in \mathfrak{V}$ ein Potential $\tilde{v}$ auf X derart, daß gilt

$$\tilde{v}(x) = v(x) + p(x) \qquad \text{für alle } x \in V.$$

Liegt v sogar in $\mathcal{P}(U)$, so kann das Potential $\tilde{v}$ in $\mathcal{P}(X)$ gewählt werden.

<u>Beweis.</u> Es kann offenbar angenommen werden, daß v_1 und v_2 in $\mathfrak{V}$ liegen.

1. Zunächst werde zusätzlich $\mathfrak{V} \subset {}_+\mathcal{S}_U$ vorausgesetzt. Für Funktionen $v \in {}_+\mathcal{S}_U$ stimmt die bezüglich U gebildete Reduzierte ${}^U R_v^V$ (von v bezüglich V) mit v auf V überein. Es kann daher angenommen werden, daß alle Funktionen $v \in \mathfrak{V}$ in $U \setminus \bar{V}$ stetig und reellwertig sind. Wir wählen Mengen $W', W \in \mathfrak{U}_c$ mit $\bar{V} \subset W' \subset \bar{W'} \subset W \subset \bar{W} \subset U$ und reelle Zahlen m, M derart, daß $\inf v_o(W^*) > m$ und $\sup v_1(W'^*) < M$. Sei weiter $\varepsilon > 0$ und die

Funktion $f \in \mathcal{C}(W^* \cup W'^*)$ definiert durch

$$f(x) := \begin{cases} M + \varepsilon & , x \in W'^* \\ m - \varepsilon & , x \in W^* \end{cases} .$$

Nach dem Approximationssatz gibt es dann Potentiale $p, p' \in \mathcal{C}(X)$, deren Differenz $p' - p$ f auf $W^* \cup W'^*$ bis auf ε gleichmäßig approximiert. Somit gilt für alle $v \in V$:

$$p'(x) - p(x) \geq M > v(x) \quad \text{auf } W'^*,$$

$$p'(x) - p(x) \leq m < v(x) \quad \text{auf } W^*.$$

Setzen wir nun

$$\tilde{v}(x) := \begin{cases} v(x) + p(x) \quad , \quad x \in \overline{W'} \\ \inf(v(x) + p(x), p'(x)), \; x \in W \setminus \overline{W'} \quad , \\ p'(x) \quad , \quad x \in \complement W \end{cases}$$

so ist $\tilde{v}$ ein Potential auf X, welches bezüglich p die gewünschten Eigenschaften besitzt. Nach Wahl von p und p' ist $\tilde{v}$ zunächst nach unten halbstetig; aus $v \in \mathcal{C}(U)$ folgt außerdem $\tilde{v} \in \mathcal{C}(X)$. Die Superharmonizität von $\tilde{v}$ folgt dann mittels 1.3.10. Da $\tilde{v}$ außerhalb der kompakten Menge $\overline{W}$ mit dem Potential p' übereinstimmt, ist $\tilde{v}$ gemäß 2.4.6 selbst ein Potential. Schließlich gilt $\tilde{v}(x) = v(x) + p(x)$ für alle $x \in V$ wegen $V \subset W'$.

2. Nunmehr erst liege die allgemeine Situation vor. Wir wählen eine Menge $V' \in \mathfrak{U}_c$ mit $\overline{V} \subset V' \subset \overline{V'} \subset U$ sowie eine Funktion $h \in \mathcal{H}_{V'}$ mit $\inf h(V') > 0$ (etwa als Restriktion einer in einer Umgebung von $\overline{V'}$ strikt positiven, harmonischen Funktion). Es gibt dann eine reelle Zahl $\lambda > 0$ mit $v_o(x) + \lambda h(x) \geq 0$ für alle $x \in V'$. Man setze

$$v' := \mathrm{Rest}_{V'} (v + \lambda h)$$

für $v \in \mathfrak{V}$; insbesondere entstehen so aus v_o und v_1 die Funktionen v'_o und v'_1. Nach dem vorweg behandelten Spezialfall gibt es nun stetige reelle Potentiale p_1 und $\tilde{h}$ auf X derart, daß $\tilde{h} = h + p_1$ auf V gilt und zu jedem $v \in \mathfrak{V}$ ein Potential $\tilde{v}_1$ mit $\tilde{v}_1 = v' + p_1$ auf V existiert. Die Stetigkeit und Endlichkeit von v impliziert dabei die Stetigkeit und Endlichkeit von $\tilde{v}_1$. Nun hat man nur noch $\tilde{v} := \lambda p_1 + \tilde{v}_1$ und $p := \lambda \tilde{h} + p_1$ zu setzen. Dann leisten p und die Zuordnung $v \longrightarrow \tilde{v}$ das Verlangte. |

Satz 5.2.2 (Fortsetzungssatz). Sei $\mathfrak{V}$ eine Menge superharmonischer Funktionen in einer Menge $U \in \mathfrak{U}$ mit einer in $\mathcal{S}_U$ gelegenen Minorante v_o und Majorante v_1. Dann gibt es zu jeder Menge $V \in \mathfrak{U}_c$ mit $\bar{V} \subset U$ ein in V harmonisches Potential $p \in \mathcal{C}(X)$ auf X und zu jedem $v \in \mathfrak{V}$ ein Potential $\tilde{v}$ auf X derart, daß

$$\tilde{v}(x) = v(x) + p(x) \qquad \text{für alle } x \in V$$

gilt. Liegt v sogar in $\mathcal{C}(U)$, so kann das Potential $\tilde{v}$ in $\mathcal{C}(X)$ gewählt werden.

<u>Beweis.</u> Nach 5.2.1 gibt es ein Potential $q \in \mathcal{C}(X)$ und zu jedem $v \in \mathfrak{V}$ ein Potential $\tilde{\tilde{v}}$ auf X (endlich und stetig, falls v es ist), so daß auf V gilt:

$$\tilde{\tilde{v}}(x) = v(x) + q(x).$$

Somit ist $\tilde{\tilde{v}}$ eine V-Majorante von q; es ist daher $\tilde{\tilde{v}}$ spezifisch größer als die kleinste V-Majorante q^V von q: $\tilde{\tilde{v}} \succ q^V$. Also gibt es ein $\tilde{v} \in {}_+\mathcal{S}_X$ mit $\tilde{\tilde{v}} = q^V + \tilde{v}$. Nach 5.1.5 ist mit q auch q^V stetig und reellwertig. Ist daher v in $\mathcal{C}(U)$ gelegen, so liegt mit $\tilde{\tilde{v}}$ und q^V auch $\tilde{v}$ in $\mathcal{C}(X)$. In V gilt $\tilde{v}(x) = v(x) + q^V_c(x)$. Also leisten $p := q^V_c$ und die Zuordnung $v \longrightarrow \tilde{v}$ das Verlangte. |

§ 3. Anwendungen

Der Fortsetzungssatz ermöglicht insbesondere eine Ergänzung unserer früheren Betrachtungen über dünne, semipolare und polare Mengen.

Definition. Eine Menge $E \subset X$ heißt lokal-dünn in einem Punkte $x \in X$, wenn es eine offene Umgebung U von x gibt derart, daß $E \cap U$ im streng harmonischen Raum U dünn in x ist.

Satz 5.3.1. Eine Menge $E \subset X$ ist genau dann lokal-dünn in einem Punkt $x \in X$, wenn E in x dünn ist.

Beweis. Offenbar ist jede in x dünne Menge auch lokal-dünn in x. Es genügt in der Definition U = X zu wählen. Sei also umgekehrt E lokal-dünn in x. Nach Wahl einer strikt positiven Funktion $v \in {}_+\mathcal{S}_U \cap \mathcal{C}(U)$ existiert dann ein $V \in \mathfrak{U}_c(x)$ mit $\overline{V} \subset U$ und

$$ {}^U\hat{R}_v^{E \cap V}(x) < v(x) . $$

Dabei bezeichnet ${}^U R$ bzw. ${}^U\hat{R}$ die Reduzierte bzw. Gefegte bezüglich U als Grundraum. Sei U_1 in $\mathfrak{U}_c$ so gewählt, daß $\overline{V} \subset U_1 \subset \overline{U}_1 \subset U$ gilt. Dann gibt es nach dem Fortsetzungssatz ein in U_1 harmonisches Potential $p \in \mathcal{C}(X)$ und zu jedem $w \in {}_+\mathcal{S}_U$ mit $w \leq v$ auf U und $w = v$ auf $E \cap V$ ein $\tilde{w} \in {}_+\mathcal{S}_X$ (und speziell zu v ein stetiges reelles $\tilde{v} \in {}_+\mathcal{S}_X$) derart, daß $\tilde{w}(y) = w(y) + p(y)$ für alle $y \in U_1$ gilt. Für diese $\tilde{w}$ gilt somit $\tilde{w}(y) = v(y) + p(y) = \tilde{v}(y)$ für alle $x \in E \cap V$, also $\tilde{w} \geq R_{\tilde{v}}^{E \cap V}$. Auf U_1 gilt daher $w(y) + p(y) = R_{\tilde{v}}^{E \cap V}(y)$ für alle zugelassenen w, woraus

$$ {}^U R_v^{E \cap V}(y) + p(y) \geq R_{\tilde{v}}^{E \cap V}(y) $$

für alle $y \in U_1$ folgt. Speziell für y = x ergibt sich hieraus nach

Regularisieren: $\tilde{v}(x) = v(x) + p(x) > {}^{U}\hat{R}_{v}^{E\cap V}(x) + p(x) \geq \hat{R}_{\tilde{v}}^{E\cap V}(x)$.

Folglich ist E dünn in x. |

Korollar 5.3.2. Für jede Menge $U \in \mathfrak{U}$ stimmt die feine Topologie in U mit der von der feinen Topologie in X induzierten Topologie überein.

Definition. Eine Menge $E \subset X$ heißt lokal-semipolar bzw. lokal-polar, wenn jeder Punkt $x \in E$ eine Umgebung $U \in \mathfrak{U}$ besitzt derart, daß $U \cap E$ semipolar bzw. polar im streng harmonischen Raum U ist.

Satz 5.3.3. Die lokal-semipolaren Mengen stimmen mit den semipolaren Mengen überein.

Beweis. Es ist nur zu zeigen, daß jede lokal-semipolare Menge auch semipolar ist. Wir zeigen diesbezüglich zunächst: Sei U eine Menge aus $\mathfrak{U}$ und E eine Menge mit $\overline{E} \subset U$. Ist dann E total-dünn in U, so ist E auch total-dünn in X. Nach 5.3.1 ist nämlich E in jedem Punkt $x \in U$ dünn. Wegen $\complement U \subset \complement \overline{E}$ ist E trivialerweise dünn in jedem Punkt $x \in \complement U$. Durch Beachtung der Definition semipolarer Mengen folgt: Ist E semipolar in U, so ist E auch semipolar in X. Nunmehr erst beweisen wir die eigentliche Behauptung. Hierzu sei $V_1, V_2, \ldots$ eine abzählbare Basis von X. Zu jedem Punkt x einer lokal-semipolarenMenge S gibt es eine offene Umgebung U von x derart, daß $S \cap U$ semipolar in U ist. Zu x und U gibt es eine Menge V_n mit $x \in V_n \subset \overline{V}_n \subset U$. Dann ist $S \cap V_n$ semi-polar in U und $\overline{S \cap V_n} \subset \overline{V}_n \subset U$. Aus dem einleitend Bewiesenen folgt daher, daß $S \cap V_n$ semipolar in X ist. Nun ist aber S die Vereinigung derjenigen Mengen $S \cap V_n$, welche semipolar sind. Da es sich um die Vereinigung einer Folge handelt, ist dann S selbst semipolar in X. |

Satz 5.3.4. Die lokal-polaren Mengen stimmen mit den polaren Mengen überein.

Beweis. Zu zeigen ist nur, daß jede lokal-polare Menge polar ist. Wir beweisen zunächst: Ist E eine relativ-kompakte und U eine offene Umgebung von $\overline{E}$ derart, daß E in U polar ist, so ist E polar in X. Sei nämlich $V \in \mathfrak{U}_c$ so gewählt, daß $\overline{E} \subset V \subset \overline{V} \subset U$ gilt. Zu E gibt es eine superharmonische Funktion v in U mit $E \subset \overset{-1}{v}(+\infty)$. Nach dem Fortsetzungssatz existieren dann Potentiale p und p' auf X mit $p = v + p'$ auf V. Hieraus folgt $E \subset \overset{-1}{p}(+\infty)$, was die Polarität von E in X beweist. Ähnlich wie im vorangehenden Beweis zeigen wir jetzt, daß jede lokal-polare Menge P auch polar ist. Hierzu sei $V_1, V_2, \ldots$ eine aus relativ-kompakten Mengen bestehende Basis von X. Eine Wiederholung der im Beweis von 5.3.3 angestellten Überlegungen (mit "polar" anstelle von "semipolar") ergibt dann, daß P polar ist. |

Korollar 5.3.5. Eine Menge $P \subset X$ ist genau dann polar, wenn es eine superharmonische Funktion v auf X gibt mit $P \subset \overset{-1}{v}(+\infty)$.

Beweis. Die genannte Bedingung sei erfüllt. Es genügt zu zeigen, daß P dann lokal-polar ist. Für einen beliebigen Punkt $x \in P$ sei U eine relativ-kompakte, offene Umgebung von x. In dieser gibt es nach dem Trennungsaxiom eine harmonische Funktion h mit $\inf h(U) > 0$, also eine reelle Zahl $\alpha > 0$ mit $v(x) + \alpha h(x) \geq 0$ für alle $x \in U$. Die Funktion $u(x) := v(x) + \alpha h(x)$ liegt in ${}_{+}\mathcal{S}_U$, und es gilt $P \cap U \subset \overset{-1}{v}(+\infty)$. Also ist $P \cap U$ polar in U. Die Menge P ist daher lokal-polar. |

Anwendungen einer anderen Art betreffen den Träger einer superharmonischen Funktion.

Definition. Träger einer superharmonischen Funktion $s \in \mathcal{S}_X$ heißt die kleinste abgeschlossene Teilmenge T_s von X derart, daß s im Komplement $\complement T_s$ von T_s harmonisch ist.

Der Träger T_s existiert, da unter den offenen Mengen, in welchen s harmonisch ist, eine größte existiert, nämlich die Vereinigung. Selbstverständlich ist damit auch der Träger T_s einer Funktion $s \in \mathcal{S}_U$ definiert ($U \in \mathfrak{U}$). Man hat nur X durch U zu ersetzen.

Satz 5.3.6. Sei $s \in \mathcal{S}_U$ eine superharmonische Funktion mit kompaktem Träger T_s (in U). Dann existiert genau ein Potential p auf X derart, daß $T_p = T_s$ und $p - s$ in U harmonisch ist.

Beweis. Existenz von p: Sei V eine Menge aus $\mathfrak{U}_c$ mit $T_s \subset V \subset \overline{V} \subset U$. Nach dem Fortsetzungssatz gibt es Potentiale p_1, p_2 auf X derart, daß $p_1(x) = p_2(x) + s(x)$ für alle $x \in V$ gilt und p_2 harmonisch in V ist. Somit ist p_1 harmonisch in $V \setminus T_s$. Sei W eine offene Menge mit $T_s \subset W \subset \overline{W} \subset V$. Wir zeigen, daß $p := (p_1)^W$ das Verlangte leistet. Nach dem Zerlegungssatz gilt $p \prec p_1$, also $p \leq p_1$, woraus folgt, daß p ein Potential ist. Ferner ist p in $\complement \overline{W}$ harmonisch. Da $p_1 = p + (p_1)_c^W$ harmonisch ist in $W \setminus T_s$ und $(p_1)_c^W$ harmonisch ist in W, so ist p auch harmonisch in $W \setminus T_s$, also in $(W \setminus T_s) \cup \complement \overline{W} = \complement T_s$. Dies hat $T_p \subset T_s$ zur Folge. In W gilt $p(x) - s(x) = p_2(x) - (p_1)_c^W(x)$; also ist $p - s$ harmonisch in W. Außerdem ist mit p und s auch $p - s$ harmonisch in $U \setminus T_s$. Hieraus folgt die Harmonizität von $p - s$ in ganz U und schließlich die Gleichheit $T_p = T_s$.

Eindeutigkeit von p: Ist p' ein weiteres Potential mit der im Satz genannten Eigenschaft, so ist $p - p'$ harmonisch in $U \setminus T_s = X$. Zwei Potentiale mit harmonischer Differenz sind aber gleich. |

Schließlich erinnern wir daran, daß die <u>extremalen Strahlen</u> eines konvexen, spitzen Kegels K (in einem Vektorraum) genau aus denjenigen Punkten $x \in K$ bestehen, für welche aus $x = y + z$ $(y, z \in K)$ stets $y, z \in x \cdot \mathbb{R}_+$ folgt. Der Zerlegungssatz gestattet die folgende Aussage über die Struktur der extremalen Strahlen des konvexen, spitzen Kegels ${}_+\mathcal{S}_X$.

Satz 5.3.7. Eine auf einem extremalen Strahl von ${}_+\mathcal{S}_X$ gelegene Funktion v ist entweder harmonisch oder ein Potential mit einpunktigem Träger T_v.

<u>Beweis.</u> Der Träger T_v einer Funktion $v \in {}_+\mathcal{S}_X$ enthalte mindestens zwei verschiedene Punkte y_1 und y_2. Sei U eine offene Menge mit $y_1 \in U$ und $y_2 \notin \overline{U}$. Dann liefert der Zerlegungssatz eine Darstellung $v = v^U + v_c^U$, wobei v^U und v_c^U in ${}_+\mathcal{S}_X$ liegen und in U bzw. $\complement \overline{U}$ harmonisch sind. Da aber v in keiner Umgebung eines Punktes seines Trägers harmonisch ist, kann weder v^U noch v_c^U ein nicht-negatives Vielfaches von v sein. D.h. v liegt in keinem extremalen Strahl von ${}_+\mathcal{S}_X$. Die Funktionen aus den extremalen Strahlen von ${}_+\mathcal{S}_X$ besitzen also einen höchstens einpunktigen Träger. Dies aber wird behauptet. |

LITERATUR

(1) G.ANGER *Funktionalanalytische Betrachtungen bei Differentialgleichungen unter Verwendung von Methoden der Potentialtheorie, I.* Deutsche Akad.d.Wiss.,Berlin (1965).(Manuskr.)

(2) H.BAUER *Šilovscher Rand und Dirichletsches Problem.* Ann.Inst.Fourier 11 (1961),89-136.

(3) - *Axiomatische Behandlung des Dirichletschen Problems für elliptische und parabolische Differentialgleichungen.* Math.Annalen 146 (1962), 1-59.

(4) - *Weiterführung einer axiomatischen Potentialtheorie ohne Kern (Existenz von Potentialen).* Z.Wahrscheinlichkeitstheorie 1(1963),197-229.

(5) - *Propriétés fines des fonctions hyperharmoniques dans une théorie axiomatique du potentiel.* Ann.Inst.Fourier 15/1 (1965), 189-206.

(6) - *Zum Cauchyschen und Dirichletschen Problem bei elliptischen und parabolischen Differentialgleichungen.* Math.Annalen 164 (1966),142-153.

(7) N.BOBOC, C.CONSTANTINESCU and A.CORNEA *Axiomatic theory of harmonic functions. - Non-negative superharmonic functions.* Ann.Inst. Fourier 15/1 (1965), 283-312.

(8) - *Axiomatic theory of harmonic functions. - Balayage.* Ann.Inst.Fourier 15/2 (1965),37-70.

(9) - *Semigroups of transitions on harmonic spaces.* Erscheint demnächst.

(10) N.BOBOC et A.CORNEA *Cônes des fonctions continues sur un espace compact.* C.r.Acad.Sci.Paris 261(1965),2564-2567.

(11) N.BOURBAKI *Intégration, Chap.I-IV (2ᵉ édition).* Act.Sci. et Ind. 1175 (1965), Paris.

(12) M.BRELOT *Sur la mesure harmonique et le problème de Dirichlet.* Bull.Sci.Math. 69 (1945),153-156.

(13) - *Minorantes sousharmoniques, extrémales et capacités.* Journal de Math.24 (1945),1-32.

(14) - *La théorie moderne du potentiel.* Ann.Inst. Fourier 4 (1954), 113-140.

(15) - *Lectures on potential theory.* Tata Inst. of Fund.Research, Bombay (1960).

(16) M.BRELOT *Étude comparée de quelques axiomatiques des fonctions harmoniques et surharmoniques.* Séminaire de Théorie du Potentiel, 6e année, fasc.1, no.16, 14p (1962).

(17) - *Éléments de la théorie classique du potentiel (3e édition).* Les cours de Sorbonne,Paris (1965)

(18) M.BRELOT et G.CHOQUET *Espaces et lignes de Green.*Ann.Inst.Fourier 3 (1952), 199-263.

(19) J.L.DOOB *A probability approach to the heat equation.* Trans.Amer.Math.Soc.80(1955),216-280.

(20) - *Probability methods applied to the first boundary value problem.* Proc.3rd Berkeley Symp.on Math.Stat.and Prob.1954-1955(1956), 49-80.

(21) R.M.HERVÉ *Recherches axiomatiques sur la théorie des fonctions surharmoniques et du potentiel.* Ann.Inst.Fourier 12 (1962), 415-571.

(22) - *Un principe du maximum pour les sous-solutions locales d'une équation uniformément elliptique de la forme*

$$Lu = -\sum_i \frac{\partial}{\partial x_i}\left(\sum_j a_{ij}\frac{\partial u}{\partial x_j}\right) = 0.$$

Ann.Inst.Fourier 14/2 (1964), 493-507.

(23) L.HÖRMANDER *Linear partial differential operators,*Berlin-Göttingen-Heidelberg-New York (1963).

(24) E.KAMKE *Über die erste Randwertaufgabe bei der Laplace- und der Wärmeleitungs-Differentialgleichung.* Jahresber.deutsche Math.Ver.62(1959),1-33.

(25) P.A.MEYER *Brelots axiomatic theory of the Dirichlet problem and Hunts theory.* Ann.Inst.Fourier 13/2 (1963), 357-372.

(26) I.PETROWSKY *Zur ersten Randwertaufgabe der Wärmeleitung.* Math.Ann.101 (1929), 394-398.

(27) A.PIETSCH *Nukleare lokalkonvexe Räume.*Berlin (1965).

(28) W.I.SMIRNOW *Lehrgang der höheren Mathematik,IV.*Berlin(1958).

(29) G.TAUTZ *Zur Theorie der ersten Randwertaufgabe.* Math. Nachr.2 (1949), 279-303.

(30) - *Zum Umkehrungsproblem bei elliptischen Differentialgleichungen I,II.* Archiv d.Math.3 (1952),232-238, 239-250, 361-365.

M.BRELOT Axiomatique des fonctions harmoniques. Les presses de l'Université de Montreal (1966).

Sachverzeichnis

Verzeichnis der verwendeten Symbole

Anhang :

Ausblick auf neuere Entwicklungen.

1. Beziehungen zur Theorie der Markoffschen Prozesse. - Dieser hier absichtlich beiseite gelassene Fragenkomplex wird hauptsächlich durch einen Satz von J. L. DOOB [Semi-martingales and subharmonic functions. Trans. Amer. Math. Soc. 77(1954), 86-121] motiviert, wonach die auf dem $\mathbb{R}^n$, $n \geq 3$, bezüglich der Laplaceschen Differentialgleichung hyperharmonischen Funktionen ≥ 0 mit den exzessiven Funktionen des Brownschen Prozesses übereinstimmen. Für jeden Brelotschen harmonischen Raum X, auf dem die konstanten Funktionen $\in \mathcal{H}_X$ sind, zeigte P.-A. MEYER [Brelot's axiomatic theory of the Dirichlet problem and Hunt's theory. Ann. Inst. Fourier 13/2(1963), 357-372] die Existenz eines Huntschen Prozesses auf X, dessen exzessive Funktionen mit den auf X hyperharmonischen Funktionen ≥ 0 übereinstimmen. Eine leichte Modifikation der Überlegungen von Meyer liefert dasselbe Resultat lokal in einem beliebigen harmonischen Raum; an die Stelle von X tritt dabei genauer eine reguläre Menge eines harmonischen Raumes. Der Übergang vom Lokalen zum Globalen bereitet vor allem wegen des Fehlens beliebig großer regulärer Mengen in allgemeinen streng harmonischen Räumen Schwierigkeiten. In der bei der Revue Roum. Math. Pures Appl. eingereichten Arbeit [9] zeigen nun aber BOBOC, CONSTANTINESCU und CORNEA ein globales Analogon zum Satz von Meyer: Auf jedem streng harmonischen Raum X mit $1 \in \mathcal{H}_X^*$ existiert eine sub-Markoffsche Halbgruppe $(P_t)_{t \geq 0}$ von

Kernen, die so regulär sind, daß (P_t) als Halbgruppe der Übergangsoperatoren eines Huntschen Prozesses mit stetigen Pfaden interpretiert werden kann. Die bezüglich (P_t) (und damit bezüglich des Prozesses) exzessiven Funktionen stimmen mit den auf X hyperharmonischen Funktionen ≥ 0 überein.

2. Integraldarstellung superharmonischer Funktionen ≥ 0. - Für Brelotsche harmonische Räume X hat R.-M. HERVÉ [21] die Integraldarstellung der Funktionen aus $_{+}\mathcal{S}_X$ mittels des Choquetschen Existenz- und Eindeutigkeitssatzes entwickelt. Wesentliche Vereinfachungen hat 1964 G. MOKOBODZKI in unveröffentlichten Vorträgen im Seminar von G. Choquet und im Seminar über Potentialtheorie von M. Brelot, G. Choquet und J. Deny dargestellt. Neuerdings hat Mokobodzki auch Integraldarstellungen der superharmonischen Funktionen ≥ 0 auf einem beliebigen streng harmonischen Raum X gewonnen. Dabei werden die Sätze von G. Choquet über Integraldarstellungen in konvexen Kegeln ohne kompakte Basis (Theorie der Hüte) herangezogen. Vgl. den von G. Mokobodzki beim NATO Advanced Study Intitute on Probabilistic Methods in Analysis (Loutraki, Griechenland, 1966) gehaltenen Vortrag. (Erscheint in den Proceedings des Kongresses.)

3. Harnacksche Ungleichungen. - G. MOKOBODZKI hat neuerdings eine neue Form der Harnackschen Ungleichung bewiesen. Sei F eine Teilmenge eines harmonischen Raumes X und sei K eine kompakte Teilmenge des Inneren $\overset{\circ}{A}_F$ der kleinsten, F enthaltenden Absorptionsmenge. Dann existieren endlich viele Punkte $x_1, \ldots, x_n \in F$ und ein $\alpha \in \mathbb{R}_+$ derart, daß

$$\sup h(K) \leq \alpha \sup(h(x_1),\ldots,h(x_n))$$

für alle $h \in {}_+\mathfrak{H}_X$ gilt.

4. Nuklearität der Räume $\mathfrak{H}_X$. - Nach Fertigstellung dieser Vorlesungsausarbeitung erhielt ich Kenntnis von einer demnächst in Bull. Amer. Math. Soc. erscheinenden Note "Nuclearity in axiomatic potential theory" von B. WALSH und P. A. LOEB. Dort wird die Nuklearität von $\mathfrak{H}_X$ für Brelotsche harmonische Räume und gewisse Verallgemeinerungen dieser angekündigt.

5. Cauchy-Dirichletsches Problem. - J. KÖHN und M. SIEVEKING bemerkten kürzlich, daß die in [6] konstruierten p-harmonischen Maße unabhängig von der speziellen Wahl des Potentials p sind. Dies folgt sehr einfach bei Beachtung der in [6] gegebenen Definition verallgemeinerter Lösungen H_f für $f \geq 0$ und dann im allgemeinen Fall. Insbesondere wird hierdurch der Bereich der resolutiven stetigen Randfunktionen wesentlich erweitert. (Vgl. hierzu Proceedings des unter 2. genannten Kongresses.) Ferner ergibt sich dann die Interpretation der harmonischen Maße als gefegte Einheitsmassen in völliger Analogie zu dem in IV, § 1 behandelten Spezialfall.

Lecture Notes in Mathematics

Bisher erschienen/Already published

Vol. 1: J. Wermer, Seminar über Funktionen-Algebren, IV, 30 Seiten. 1964. DM 3,80

Vol. 2: A. Borel, Cohomologie des espaces localement compacts d'après J. Leray. IV, 93 pages. 1964. DM 9,–

Vol. 3: J. F. Adams, Stable Homotopy Theory. 2nd. revised edition. IV, 78 pages. 1966. DM 7,80

Vol. 4: M. Arkowitz and C. R. Curjel, Groups of Homotopy Classes. IV, 36 pages. 1964. DM 4,80

Vol. 5: J.-P. Serre, Cohomologie Galoisienne. Troisième édition. VIII, 214 pages. 1965. DM 18,–

Vol. 6: H. Hermes, Eine Termlogik mit Auswahloperator. IV, 42 Seiten. 1965. DM 5,80

Vol. 7: Ph. Tondeur, Introduction to Lie Groups and Transformation Groups. VIII, 176 pages. 1965. DM 13,50

Vol. 8: G. Fichera, Linear Elliptic Differential Systems and Eigenvalue Problems. IV, 176 pages. 1965. DM 13.50

Vol. 9: P. L. Ivănescu, Pseudo-Boolean Programming and Applications. IV, 50 pages. 1965. DM 4,80

Vol. 10: H. Lüneburg, Die Suzukigruppen und ihre Geometrien. VI, 111 Seiten. 1965. DM 8,–

Vol. 11: J.-P. Serre, Algèbre Locale Multiplicités. Rédigé par P. Gabriel. Seconde édition. VIII, 192 pages. 1965. DM 12,–

Vol. 12: A. Dold, Halbexakte Homotopiefunktoren. II, 157 Seiten. 1966. DM 12,–

Vol. 13: E. Thomas, Seminar on Fiber Spaces. VI, 45 pages. 1966. DM 4,80

Vol. 14: H. Werner, Vorlesung über Approximationstheorie. IV, 184 Seiten und 10 Seiten Anhang. 1966. DM 14,–

Vol. 15: F. Oort, Commutative Group Schemes. VI, 133 pages. 1966. DM 9,80

Vol. 16: J. Pfanzagl and W. Pierlo, Compact Systems of Sets. IV, 48 pages. 1966. DM 5,80

Vol. 17: C. Müller, Spherical Harmonics. IV, 46 pages. 1966. DM 5,–

Vol. 18: H.-B. Brinkmann, Kategorien und Funktoren. Nach einer Vorlesung von D. Puppe. XII, 107 Seiten. 1966. DM 8,–

Vol. 19: G. Stolzenberg, Volumes, Limits and Extensions of Analytic Varieties. IV, 47 pages. 1966. DM 5,40

Vol. 20: R. Hartshorne, Residues and Duality. VIII, 423 pages. 1966. DM 20,–

Vol. 21: Seminar on Complex Multiplication. By A. Borel, S. Chowla, C. S. Herz, K. Iwasawa, J.-P. Serre. IV, 102 pages. 1966. DM 8,–

Vol. 23: P. L. Ivánescu and S. Rudeanu, Pseudo-Boolean Methods for Bivalent Programming. VI, 113 pages. 1966. DM 10,–